数字电视技术丛书

数字电视前端系统

数字电视国家工程实验室（北京） 编著

科学出版社
北京

内 容 简 介

本书主要介绍数字电视前端系统的相关技术。全书共分7章。第1章整体介绍了数字电视前端系统的基本概念、构成和分配网络等；第2～3章分别详细介绍了编码器和复用器的基本原理、实现技术和性能评价指标等；第4～6章分别介绍了条件接收系统、用户管理系统、电子节目指南信息系统的基本功能与评测方法；第7章简要介绍了数据广播与监控平台的概念与应用。

本书可作为广播电视技术院校的教学用书，也可作为数字电视工程技术人员的参考用书。

图书在版编目(CIP)数据

数字电视前端系统 / 数字电视国家工程实验室(北京)编著. —北京：科学出版社，2012
(数字电视技术丛书)
ISBN 978-7-03-033634-7

Ⅰ. ①数…　Ⅱ. ①数…　Ⅲ. ①数字电视-电视系统　Ⅳ. ①TN949.197

中国版本图书馆 CIP 数据核字(2012)第 030046 号

责任编辑：张　濮　潘继敏/责任校对：桂伟利
责任印制：赵　博/封面设计：迷底书装

科学出版社出版
北京东黄城根北街16号
邮政编码：100717
http://www.sciencep.com

北京佳艺恒彩印刷有限公司 印刷

科学出版社发行　各地新华书店经销

*

2012年3月第　一　版　开本：B5(720×1000)
2012年3月第一次印刷　印张：12 1/4　插页：1
字数：235 200

定价：36.00 元

(如有印装质量问题，我社负责调换)

实施数字电视国标

培养数字电视人才

发展数字电视产业

惠及数字电视用户

邬贺铨

2012.3.8

邬贺铨　中国工程院院士

普及数字电视知识
培养专门技术人才
提高服务质量

吴佑寿
二〇一二、三

吴佑寿　中国工程院院士

《数字电视技术丛书》编写委员会

丛 书 序

2006年8月我国颁布了自主研发的国家地面电视标准——《数字电视地面广播传输系统帧结构、信道编码和调制》(GB 20600—2006)(以下简称国标),并作为国家强制性标准在全国范围内推广使用。国标采用了先进的技术和设计理念,拥有完全自主知识产权,与现有的国际标准比较,在频谱利用率、快速同步、接收灵敏度、支持高清移动接收、支持未来业务扩展及系统的整体性能等方面都有较大的提高。在2007年开始的国标海外推广过程中,与现有国际标准(美国、欧洲及日本标准)进行了充分的对比测试,国标技术第一次得到普遍认可。目前国标海外推广工作已经取得突破性进展,该项工作得到国家有关部委及国家领导人的高度重视。2009年国家发改委批准清华大学、北京航空航天大学、上海交通大学、中国电子技术标准化研究所、中国普天信息产业股份有限公司、北京海尔集成电路设计有限公司、北京北广科技股份有限公司、北京同方凌讯科技有限公司、北京牡丹电子集团有限责任公司、北京京东方科技集团股份有限公司、北京数码视讯科技股份有限公司、深圳市国微控股股份有限公司等组建数字电视国家工程实验室(北京)。实验室的主要工作任务是国标演进技术研发及国标海外推广应用工作,其中很重要的一部分工作就是培训熟悉国标使用的工程技术人员,以保证国标实施的最佳效果。

国际上绝大多数国家数字电视转换工作都还没有开始或者刚刚开始,我国的数字电视转制工作也刚起步。按国家广播电影电视总局的规划,2015年开始关闭模拟电视广播,因此,未来几年将是数字电视加速发展的阶段,支持数字电视的发展需要规模庞大的技术人员。数字电视尤其是地面数字电视带来的产业革命,在技术的复杂度、业务应用的深度和广度等方面都是模拟电视不可比拟的,模拟电视时代的技术人员已经很难适应发展的需要。基于这样的背景,数字电视国家工程实验室(北京)结合海外培训教材的准备情况,联合业内研究、生产第一线的专家,编写了这套数字电视技术丛书。

本套丛书涵盖数字电视节目制作、前端系统、发射系统与测试全产业链,注重实用性,适合数字电视领域工程技术人员学习,可以作为广播电视技术院校的教材,将有助于培养具备产业前沿技术知识与实际工作能力的技术人员。相信本套丛书的出版将对我国数字电视产业发展起到积极的推动作用。

《数字电视技术丛书》编写委员会

2012年3月

前　言

电视前端系统是电视广播网络的信息源、交换中心，是整个电视广播系统的核心。数字电视采用数字信号处理技术，提供节目容量更大、节目质量更高、节目形式更丰富的广播电视业务。数字电视发展为一项全新的数字视听服务，极大地拓展了广播电视的服务范围，为受众提供更为丰富的选择机会。因此，数字电视前端系统包含的内容更加广泛，是电视数字化的重要环节之一。

本书力图全面介绍数字电视前端系统的组成、原理、关键设备和评测。全书共分7章。第1章从整体上介绍数字电视前端系统的基本概念、构成和数字电视节目分配网络；第2、3章分别介绍前端系统中编码器和复用器的原理与测试；第4章介绍数字电视条件接收系统（CAS）与加扰器；第5、6章分别介绍用户管理系统（SMS）和电子节目指南（EPG）系统；第7章介绍数据广播系统与监控平台等。

北京数码视讯科技股份有限公司为本书编写提供了大量素材，上海大学通信学院王国中教授参与了第2章部分章节的编写，北京力合数字电视科技有限公司参与了第7章部分章节的编写，在此一并表示感谢。同时，在本书的编写过程中参考了较多的书籍、论文和网络文献，在此向其作者表示深深的感谢。

本书注重实用性，面向数字电视领域工程技术人员，可作为广播电视技术学院（校）的参考教材，有助于培养具备产业前沿技术知识与实际工作能力的技术人员。

由于数字电视技术及产业均处于不断发展和完善阶段，加上编者水平有限，书中难免存在疏漏和不足之处。我们将在今后的研发、生产和工程实践中不断改进和完善，恳请广大读者和同行提出宝贵意见。

作　者

2012年1月

目　录

第1章　数字电视前端系统综述

电视前端系统是电视广播网络的信息源、交换中心，是整个电视广播系统的核心；数字电视前端系统包含的内容更加广泛，是电视数字化的重要环节之一。数字电视前端系统一般由信源、处理、传输和管理部分组成。本章首先介绍数字电视的概念，从整体构成上介绍数字电视前端系统及全IP构架的数字电视前端，最后介绍地面数字电视广播的节目分配网络。

1.1　基本概念

1.1.1　我国广播电视的发展历程

中国当代广播电视是中国共产党领导下的社会主义舆论工具，是鼓舞全党、全军、全国各族人民建设社会主义物质文明和精神文明的现代化传播工具，也是党和人民政府联系群众的主要渠道之一。我国的广播电视事业几十年来得到了巨大发展，其历程大致如下。

1958年5月1日，我国内地建立的第一座电视台——北京电视台，试验播出黑白电视节目，9月2日正式开播，10月1日上海电视台建成，1978年，北京电视台改名中央电视台。

虽然20世纪50年代中国电视事业便已起步，我国也有计划地在中央及各省创建了广播电台和电视台。但"文化大革命"期间，广播电视事业的发展受到了很大挫折，很长时间里，它距离大多数中国人还是很遥远。直到1980年中央电视台播出了审判林彪、"四人帮"集团的实况，中国百姓在感受到十一届三中全会政治春风的同时，才不知不觉迈入了名副其实的"电视时代"。

改革开放提供的有利契机，使得80年代成为电视业发展和繁荣的黄金时代。1983年3月召开的全国广播电视工作会议提出了实行中央、省、地市、县"四级办广播、四级办电视、四级混合覆盖"的方针，并于同年10月得到党中央的批准。这一方针极大地推动了中国广播电视事业的全面发展。到1990年底，中国有电视台509座，比1980年增长了13.4倍，电视覆盖率达到了79.4%。各地建起的卫星地面收转站，使边远地区的人民群众都可以收看到电视节目。

进入90年代，有线网络与卫星技术应用在电视上，在加强覆盖的"四级办台"的方针及寻求市场发展两方面因素的同时作用下，出现了有线与无线、事业与企业、综合与专业的种种电视台，还有许多县以下的村镇也办电视的局面。到 90 年代末，中国电视已经基本形成中央和地方、卫星、无线和有线相结合的现代化电视传播网络，无线电视台达到 4943 座，有线电视台 1285 座，共播出 1005 套电视节目，其中卫星频道 30 多套。国际频道信号已送往全球。中国的电视机拥有量已经超过了 3 亿，电视观众也超过了 10 亿。在这个阶段，我国的有线电视取得了长足发展，为下一步的产业化发展打下了良好的基础。

数字电视技术是伴随着计算机、多媒体、因特网、卫星直播等高科技的推广和应用而出现的，因此它不仅是 1954 年第一台彩色电视机问世以来电视技术领域的又一场革命，而且将带动整个电信工业的技术革命，并将在一定程度上改变人类社会的生活质量和方式。

2003 年国家广播电影电视总局发布了《广播影视科技“十五”计划和 2010 年远景规划》，将数字电视列为“十一五”的重要规划和发展项目。同时广电部门也积极推广数字电视时间表，并按地域将全国划分为东部、中部、西部三个地区，将时间明确划分为 2005 年、2008 年、2010 年、2015 年四个阶段。按照规划，2008 年我国计划实施无线地面数字广播电视，2015 年开始停止模拟广播电视播出。这标志着我国广播电视数字化进入全面推进阶段。2006 年，我国颁布了自由知识产权的地面数字电视传输标准，表明中国数字电视地面传输标准与技术走在了世界前列，为实现我国“数字电视强国”的梦想提供了条件。

1.1.2 广播电视的分类

1. 按信号传输方式

按信号传输方式可分为地面电视、有线电视和卫星电视三种。

(1)地面电视广播信号通过地表面波传送。地面电视广播网络可以通过电视台制高点的天线发射无线电波覆盖电视用户，客户端通过接收天线和电视机收视节目。地面广播是电视广播最基本的传输网络形式。除了提供娱乐、学习等公益服务之外，其普遍性、可控性和抗毁性还被视为国家安全设施，使之成为紧急情况下动员国民最直接最可靠的应急途径。数字化转换后，地面数字电视将极大地节省无线频谱资源，提供更清晰、更丰富的节目内容，同时支持移动及便携接收，拓展了电视的收视领域，为电视产业提供更广泛的发展机会。

(2)有线电视是利用光缆、同轴电缆及其他器件组成的电视传输网络，将电视节目信号从本地发射台传送到用户家中。有线电视在一个封闭的有线网络中传送电视等信号，不易受到干扰，用户可以收看稳定、清晰的节目。有线电视网另一个优势是频带宽，跟无线广播一样，许多频道可以使用不同的频率互不干扰地在一根电缆中传送。但有线电视网络建设及维护成本高。

(3)卫星电视广播是由设置在赤道上空的地球同步卫星，接收地面电视台通过卫星地面站发射的电视信号，然后转发到地球上指定的区域，由地面上的设备接收供电视机收看。数字卫星电视是近几年迅速发展起来的，利用地球同步卫星将数字编码压缩的电视信号传输到用户端的一种广播电视形式。2008年6月9日，我国广播电视直播卫星“中星九号”在西昌成功升空，信号直接到户，在地面只需要一个半米“小锅”就可以接收。与地面、有线电视相比，卫星电视的优势是覆盖面积大，“中星九号”的投入使用将我国广播电视覆盖率提高到98%以上，有效解决中国广大偏僻乡村无法收看电视节目的局面。

在我国内地，大部分市民是通过城市有线电视网收看电视，地面电视主要面向有线网络没有覆盖的城郊、乡村等地区，以及移动终端如车载数字电视和手持接收设备等。边远山区主要通过接收卫星信号收看电视。

随着当今网络的飞速发展，交互式网络电视(Interactive Personality TV，IPTV)近几年得到了迅猛发展。IPTV是利用宽带互联网的基础设施，以家用电视机作为主要终端电器，通过互联网络协议来提供包括电视节目在内的多种数字媒体服务。用户在家中可以有两种方式享受IPTV服务，即计算机、网络机顶盒+普通电视机。IPTV的基本技术形态可以概括为视频数字化、传输IP化和播放流媒体化，它包括音/视频编解码技术、音/视频服务器与存储阵列技术、IP单播与组播技术、IP QoS技术、IP信令技术、内容分送网络技术、流媒体传输技术、数字版权管理技术、IP机顶盒与电子节目指南(EPG)技术以及用户管理与收费系统技术等。

2. 按图像清晰度

按图像清晰度可分为高清晰度电视、标准清晰度电视和普通清晰度电视三大类。

(1)高清晰度电视(HDTV)需至少720线逐行扫描或1080线隔行扫描、屏幕宽高比应为16:9、采用数字压缩音频，能将高清晰格式转化为其他格式并能接收并显示较低格式的信号，图像质量可达到或接近35mm宽银幕电影的水平。

(2)标准清晰度电视(SDTV)必须达到480线逐行扫描，能将720线逐行扫描、1080线隔行扫描等格式变为480线逐行扫描格式输出，采用数字压缩音频。对应现有电视的分辨率，其图像质量为标准清晰度水平。

(3)普通清晰度电视(LDTV)显示扫描格式低于标准清晰度电视，即低于480线逐行扫描的标准。对应现有VCD的分辨率。

3. 按显示屏幕幅型比分类

按显示屏幕型比分类数字电视可分为4:3和16:9幅型比两种类型。

1.1.3 数字电视的定义

电视是20世纪20年代的伟大发明，在50年代开发电视技术时，用任何一种数字技术来传输和再现真实世界的图像和声音都是极其困难的，因此电视技术一直沿着模拟信号处理技术的方向发展，直到70年代才开始开发数字电视。数字技术具有许多优越性，而且数字技术发展到足以使模拟电视向数字电视过渡的水平，电视和计算机才开始融合到一起。

数字电视是数字电视系统的简称，是指音频、视频和数据信号从信源编码、调制到接收和处理均采用数字技术的电视系统。国际上对数字电视的精确定义是将活动图像、声音和数据，通过数字技术进行压缩、编码、传输、存储，实时发送、广播，供观众接收、播放的视听系统。也就是说，这是一个从节目的采集、制作到节目传输，以及到用户终端的接收全部实现数字化的系统。广义上说，数字电视是数字传输系统，是原有电视系统的数字化。

我国电视一个频道带宽为8MHz，现有模拟电视一个频道只能传送一套普通的模拟电视节目。采用数字电视后一个频道内可以传送6套以上数字电视节目。随着编码技术的改进，传送数量还会进一步提高，电视频道利用率大大提高。数字电视与模拟电视的技术比较如表1-1所示。

表1-1 数字电视与模拟电视的技术比较

项目	模拟电视	数字电视
描述	采用模拟信号传输电视图像、伴音、附加功能等信号	采用数字信号传输电视图像、伴音、附加功能等信号
信源编解码	不进行信号编码	电视信号数字化后，采用高效压缩编码技术，传送的信息量更大
复用	无复用器，视频、音频信号分别传输	将编码后的视频、音频、辅助数据信号分别打包后复用成单路串行的比特流，使数字电视具备了可扩展性、分级性、交互性及与网络的互通性
信道编解码 调制解调	图像信号按行、场排列，具有行、场同步信号和前后均衡脉冲等，并对视频信号有补偿处理。调制方式一般采用调频或调幅	传送时的信号不再有模拟电视场、行标志及概念。通过信道编码、均衡来提高信号抗干扰能力，调制采用QAM、OFDM等数字方式，传输效率会进一步提高
特点	信号数据量少，技术成熟，价格便宜	信号不易在传输中失真，清晰度高，占用频带窄。数字电视信号可方便地在数字网络中传输，与计算机具有良好接口

1.1.4　数字电视的特点

数字电视保留了现有模拟电视视频格式,用户端仅需加装数字电视机顶盒即可接收数字电视节目,利于系统的平稳过渡。广播电视数字化后,将具有如下特点。

1. 频率利用率高

数字电视采用高效的音视频压缩编码技术及先进的信道编码、调制技术,在极大地压缩每套节目数据量的同时,有效提高频率的载荷,从而极大地提高频谱利用率。如传输 1 套模拟电视的 8MHz 电视频道,可以传输 6～10 套具有标准清晰度的数字电视(SDTV)节目,并且随着视频编码技术的提高,传送的节目数量还在进一步增加。

2. 抗干扰能力强

数字电视采用数字传输和误码保护技术,在加工制作、复制、存储和传输交换过程中受噪声和失真的叠加影响少,使得数字电视不受传输、转播影响,接收端的信号质量可与发送端的原始信号质量相比拟。

3. 便于开展各种综合业务和交互式业务

电视系统全面数字化加强了广播电视、通信与计算机业务的一体化,原本是完全不同媒体的广播、电视、通信和计算机在全部数字化后,图像、声音、图文、数据等都以数字方式按一定规则被复接成数据流进行传送,可实现视频点播(VOD、NVOD)、高速上网、电视购物、电子游戏等增值服务。

4. 容易加密/加扰、开展信息安全/收费业务

条件接收系统(Conditional Access System,CAS)是数字电视收费的技术保障系统,条件接收的基本目的是在电视系统中对用户进行授权控制及授权管理,从而实现收费节目的有偿服务。由于数字信号的易操作性,在前端对信号加密和加扰都比较容易实现,数字传输收费系统保密性高,不影响信号质量,操作方便。

5. 支持多个传送/网路协议

支持多个传送/网路协议,如 MPEG-2 和 IP 协议集,容易与其他的广播和通信系统连接。

6. 支持移动、便携接收

地面数字电视支持高速移动及个人便携接收,使受众在移动状态中获取资讯,是

传统电视的补充和延伸。移动电视以其服务性、实用性、娱乐性和互动性，为客户提供个性化、多层次的服务，为广播电视开辟了全新的应用领域。

1.2　数字电视前端系统

电视前端系统是电视广播网络的信息源、交换中心，是整个电视广播系统的核心，数字电视前端系统包含的内容更加广泛，是电视数字化的重要环节之一。数字电视广播不仅能提高节目传送能力，还能够传送模拟电视广播不能传送的其他业务。从这个意义上说，数字电视前端系统还包括数字电视信源、中间件、准视频点播、编码复用、条件接收、用户管理、节目监控及网络管理设备。

1.2.1　数字电视前端系统构成

图 1-1 是一个典型的数字电视前端系统。

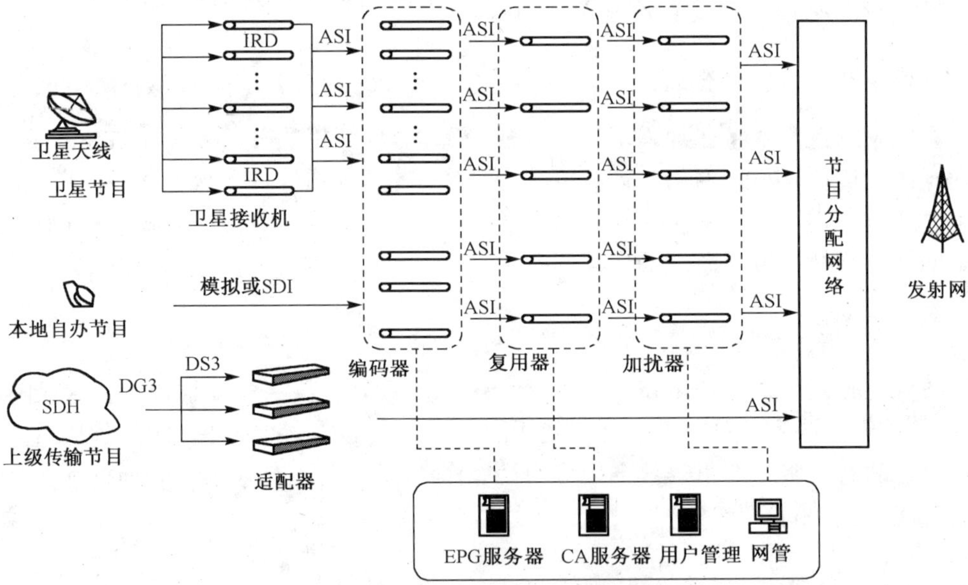

图 1-1　典型数字电视前端系统

数字电视前端系统一般包括节目输入、节目处理、条件接收（Conditional Access，CA）及用户管理（SMS）等几个部分。

1. 节目输入

节目输入部分接收来自不同网络的各种数字电视节目，如卫星、开路、上级骨干SDH网络以及本地自办模拟节目等多种节目来源。不同节目来源接收到的信号的格式和控制方式不相同，需要将它们转换为统一的格式后再送入信号处理部分。如本地自办模拟节目需要经过音视频编码等。

2. 节目处理

节目处理部分包括传输流（Transport Stream，TS）的解扰、复用与业务信息（SI）处理等，它是数字电视前端的核心。在这部分主要完成的功能是对所有节目进行解扰、截取、复用等处理，更新业务信息以保证用户终端的正常工作，并且所有的应用数据均能正确地插入。

3. 条件接收系统

条件接收系统（CAS）是数字电视广播实行收费所必须采用的系统，也是数字电视平台不可缺少的部分，CAS负责完成用户授权控制与管理信息的获取、生成、加密、发送以及节目调度控制等工作，保证只有已被授权的用户才能收看节目，从而保护节目制作商和广播运营商的利益。

4. 用户管理系统

数字电视用户管理系统（Subscriber Management System，SMS）是一个贯穿计费、客服、账务、产品、资源管理各个环节，支撑数字电视业务运营的核心系统。系统设计基于不同角色的权限管理，用户可按照实际运营的需要分配不同的角色和权限，在共享一个软件平台的基础上，实现运营商内部各个部门、不同代理商、下级运营商的不同功能。

用户管理系统在逻辑上可分为九个子系统，主要包括产品管理子系统、用户管理子系统、设备管理子系统、计费管理子系统、报表管理子系统、智能卡（smart card）服务子系统、分级管理子系统和系统管理子系统。

根据业务发展的需要，数字电视前端系统还可能包括：

(1)中间件业务平台。如果要支持除基本音视频业务之外的数字电视增值业务，则需要中间件业务平台。

(2)空中软件下载升级子系统。基于底层而不是基于应用的空中软件下载，可根据运营商的需求，通过定义SI中描述符的私有数据、Loader数据结构、与执行机制相关的命令包和数据包规范（协议）及其他相关的辅助数据，可以形成以数字电视业务运营为中心的统一的 Loader 规范。在商业运营环境中，通过灵活的空中软件下载升级功能实现用户终端在线升级。

(3) NVOD 子系统。在一个开放的有线数字电视系统中，可根据市场和业务的需求建立 NVOD 子系统。该子系统主要由视频服务器、硬盘阵列、节目压缩编码器及相应软件、节目上传服务器、播控服务器及相应软件等组成。

1.2.2 数字电视前端系统设备

数字电视前端系统节目输入部分主要涉及的硬件设备包括以下几种。

1) 卫星接收机

数字卫星综合接收解码器(Integrated Receiver Decoder，IRD)作为数字电视的接收设备，被设计成机顶盒形式。根据使用场合的不同，IRD 又分为家用和商用两大类。前者适用于家庭，有遥控、屏幕菜单显示等功能；后者常用于数字电视前端的集体接收，要求有更高的质量、可靠性和更多的接口。此处采用接收与解码为一体的带有 TS 传输流输出的商用数字卫星 IRD，将数字卫星电视信号接收下来，直接进行 QPSK 解调后输出 TS 流。数字卫星接收机应选用带 ASI 标准基带数字信号接口的数字卫星 IRD，以保证与各种设备以及与其他公司设备的相互连接性。

我国暂定了 IRD 的标准，即《数字压缩卫星接收 IRD 暂行技术要求》。

2) 网络适配器

一般网络传输前，都是 ASI 接口的数据流格式，为了更好地利用带宽，需要在传输前用复用器复用为一个更大码率的 ASI 流，然后通过网络适配器进行格式的转换和接口转换，转换后的数据通过 SDH/PDH 网络传输。因此，从上级(国家、省、地区)SDH 骨干网传输来的数字电视信号为基带数字信号，它通过 SDH 网络的信道(如 DS3)传输，需要将 DS3 信道传输的 TS 流接收下来并转换成 DVB-ASI 信号。网络适配器是完成 ASI 接口到其他网络接口的数据格式的适配和反向适配，在接收端把 SDH 接口的信号转成 ASI 接口的信号，然后再分给其他 ASI 接口的设备，并且根据其他具体网络情况，具有加解扰(scrambling-descrambling)、RS 编码解码等功能。

3) 编码器

编码器的基本功能是将模拟或数字视音频信号进行压缩编码或者不同格式之间转码，通过 ASI、SPI 等接口输出符合标准的 TS 流。编码器利用了视频图像中的两种特性、空间相关性和时间相关性达到压缩数据量的目的。一帧图像内的任何一个场景都是由若干像素点构成的，一个像素通常与它周围的某些像素在亮度和色度上存在一定的关系，这种关系称为空间相关性；一个节目中的一个情节常常由若干帧连续图像组成的图像序列构成，一个图像序列中前后帧图像间也存在一定的关联，这种关系称为时间相关性。这两种相关性使得图像中存在大量的冗余信息。如果能将这些冗余信息去除，只保留少量非相关信息进行传输，就可以大大节省传输频带。而接收机利用这些非相关信息，按照一定的解码算法，可以在保证一定图像质量的前提下恢复原始图像。一个好的压缩编码方案就是在满足图像质量要求及可接受的计算复杂度的前提下最大限度地去除图像中的冗余信息。

数字电视广播较常采用的编码标准有 MPEG-2、H. 264 及我国自主标准 AVS。根据所采用的信源格式选用相应的编码器。编码器有单路节目编码器和多路节目编码器，前一种每套自办节目需要一台编码器，后一种可以多套节目用一台编码器。

数字电视前端系统节目处理部分主要涉及的硬件设备包括以下几种。

1)复用器

复用器的主要目的是将多个单节目传输流(SPTS)或多节目传输流(MPTS)转换成一个 MPTS，复用后的 MPTS 可以在光纤网上传输或者直接通过调制器(激励器)调制输出，能有效提高线路的利用率。经过多年的发展，复用技术已经相当成熟，其功能涵盖输入多节目传输流节目分析、各路 PSI/SI 抽取、多路分解、PCR 校验、编码率输出、“过载保护”等诸多功能。将不同来源的传输流合成为一个新的传输流，即传输流再复用器。新一代复用器已经成为一个综合数字码流处理平台，其执行的过滤筛选、混合重整功能保证了整个平台能够按照预定频点资源进行有序分配。

2)加扰器

加扰器是一种在条件接收系统(CAS)控制下对 TS 中指定节目进行加扰，使授权用户能够正常收看，而非授权用户无权收看，从而实现系统运营商有条件收费管理的设备。

好的加扰器支持单节目码流和多节目码流的输入、自适应数据包大小及码率；能够兼容多个条件接收系统，支持同密(simulcrypt)及多级条件接收系统应用；保证对每路节目使用不同的控制字(Control Word，CW)进行单独加扰等。

本书的后面部分将对以上主要设备作详细介绍。

1.2.3　构建数字电视前端系统考虑的因素

广播电视作为最普及的信息工具、最便捷的信息载体，为社会各界提供多样化、本地化、个性化服务。要因地制宜，积极应用多种数字技术，建立具有标准性、规范性、可操作性、可扩展性数字电视前端系统，充分发挥广播电视节目资源优势，利用广播电视数字化带来的网络资源优势，提供丰富多彩的广播电视节目和文化娱乐服务。

目前，信源编码、信道编码和调制都有统一的技术标准，而条件接收系统(CAS)、用户管理系统(SMS)、电子节目指南(EPG)、中间件等难以在近期形成统一的规范，数字电视前端系统中与这些技术相关的设备是独立的，不同厂家提供的产品有一定差异。因此，在构建数字广播电视前端系统时，重点是应从条件接收系统、用户管理系统、电子节目指南、中间件等方面考虑产品的兼容性和先进性。同时，从系统层面兼顾以下几个方面：

(1)先进性。采用符合国际工业标准的、比较成熟的技术。选用不同的标准(如信源编码标准)时，考虑到市场及技术的发展趋势。

(2)可靠性。对重要的数据进行权限管理，尽量采用高可靠性和安全性的设备。对重点设备进行备份，确保系统长期稳定运行及数据不被破坏。

(3)标准化。系统符合业内标准，整个系统有很强的兼容性。

(4)安全性。条件接收系统采用国际上公认的新型加密算法，具有密钥强度高、难以破解的特性。系统能有效防止无权用户盗用。

(5)开放化。系统采用开放式、模块化系统设计，易于扩展、升级。

(6)快捷化。操作简单、方便、快速、安全。

(7)网络化。可远程操作、管理。

(8)图形化。整个系统的管理实现图形化。

(9)计费统计一体化。灵活的、统一的、详细的计费方式和统计功能。

1.3 IP构架的数字电视前端系统

1.3.1 基于IP的数字电视前端系统

传统的数字电视前端系统采用基于ASI的传输方式，这种方式已经发展且使用很长时间，技术比较成熟。随着数字电视内容的增多和新兴业务的发展，传统的以ASI为基础的传输模式已经很难适应快速发展的数字电视新业务，尤其在功能扩展方面存在很大的局限性。基于IP的数字电视传输方式最早在美国开始研发和使用，经过近几年的不断发展和进步，现阶段技术发展已非常成熟，并且在美国、欧洲以及亚洲的一些国家广泛使用，得到运营商的一致认可。

与传统ASI信号传输方式不同，基于IP的传输方式具有很多特点，比如丢弃了原来繁杂的设备连线，而以少量的双绞线替代；去掉了原来复杂的矩阵，而以交换机替代；提供了通用的千兆位以太网接口，方便数字电视业务接入等。系统使用全IP组网之后，网络调度更加灵活、后期业务嵌入更加方便、数据传输密度更大。图 1-2 是基于 IP 传输前端示意图。

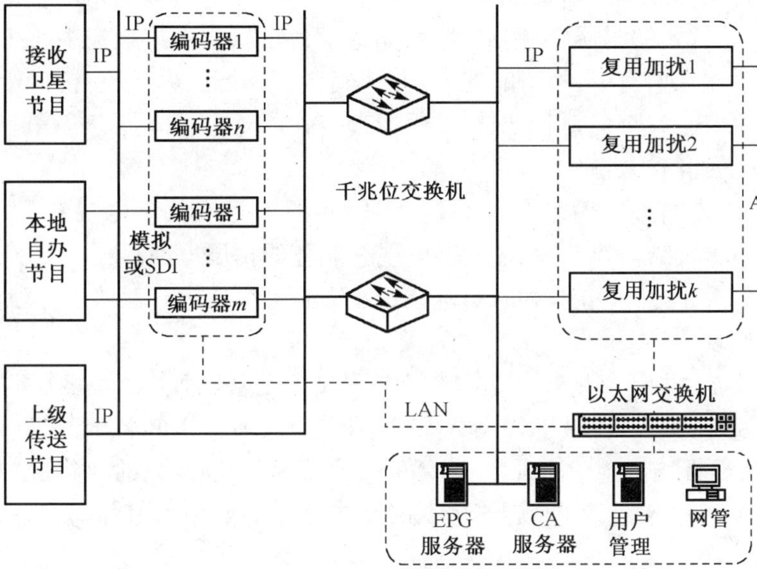

图 1-2　基于 IP 传输前端示意图

图 1-2 所示节目源部分包括来自上一级的 IP 信号、本地编码输出后的 IP 信号以及卫星接收机 IP 格式的信号，经编码(或转码)后的节目信号进入千兆位以太网交换机，由交换机进行汇聚后送入复用加扰器，复用器对输入的节目流进行复用、加扰等处理。对有线电视，复用后的多节目流以 UDP 组播方式送入以太网交换机，QAM 调制器接收以太网数据，经过 QAM 调制后输出射频(RF)信号进入本地 HFC 网络(有线电视)；对于地面数字电视，复用器输出 ASI 或者 IP 格式的 TS 流，通过节目传输网络送到发射站点调制发射；或者复用器输出数据到交换机后可直接通过 IP 传输网输送到下级前端作为节目源使用。

1.3.2　IP 构架数字电视前端系统的优势

基于 IP 的数字电视前端传输平台与传统 ASI 传输平台相比，拥有非常多的优点和特性，特别是在数字电视新业务、新功能的拓展方面具有传统方式不可比拟的优势。

(1) 采用 IP 传输后系统结构变得相对简单，设备之间的连线大幅减少，摈弃原有的矩阵和跳线架，节省大量机架空间，减少了中间环节，使系统简洁明了，更易于管理和维护。

(2) 用交换机替代矩阵。矩阵为单设备运行，而交换机可采用 1+1 热备份机制，从而提高了系统的安全性，使系统更加稳定、可靠。

(3) 采用 IP 传输方式后系统灵活性大大提高。利用 IP 传输数字电视节目，系统组建将变得非常灵活，编码器、复用器、调制器等设备可以集中放置在中心机房，也可以随意放置在远端任何有 IP 网络的地方，如编码器，平时可以放置在机房使用，若某个地方要进行重要会议直播，则可以把编码器直接放在现场，在现场进行节目录制、编码后以 IP 方式送到前端机房。

(4) 采用 IP 传输方式后增强了系统扩展性，便于开展数字电视新业务。传统 ASI 传输平台由于其结构的关系，在数字电视新业务的拓展方面存在一定弊端，而 IP 传输平台正好解决了这个问题，如时移电视、数字马赛克、动态 EPG 等业务通过 IP 传输平台可轻松实现。

(5) 节省投资。ASI 切换矩阵是一个比较昂贵的设备，而以太网交换机相对比较便宜，因此设备投资减少；交换机替代矩阵后结构简化、所占空间减少，且机房投资减少；IP 传输到远端直接调制输出发射，不需要前端 DS3 调制及分前端解调，所以分前端建设投资减少；开展新业务直接使用 GbE 接口而不需要增加 IP 网关等额外设备，后期投资减少。

1.4 地面数字电视广播节目分配网络

1.4.1 节目分配概念与实现方法

数字电视前端系统一般需要接收来自上一级或者其他来源的节目，经过处理后在本级广播网络中传输，或者传送给下一级网络使用；地面数字电视广播网络中，需要将数字电视节目传送到网络中各个发射站点进行调制发射，这就涉及节目分配的问题。对有些具体的应用，也可使用已经调制好的信号进行节目分配。常用的节目分配实现链路有以下几种。

1. 光缆 SDH 网络

同步数字系列(Synchronous Digital Hierarchy，SDH)是一种将复接、线路传输及交换功能融为一体，并由统一网管系统操作的综合信息传送网络。SDH 技术自从 20 世纪 90 年代引入以来，至今已经是一种成熟、标准的技术，在骨干网中被广泛采用，且价格越来越低。在有条件的地方采用 SDH 网络分配数字电视节目是明智的选择。

SDH 采用一套标准的信息结构等级，称为同步传送模块(Synchronous Transport

Module,STM-n,n=1,4,16,64),最基本的信息传输结构等级模块为 STM-1,相应的速率是 155Mbit/s,高等级的信号系列如 622Mbit/s(STM-4)、2.5Gbit/s(STM-16)等,由低速率等级的信息模块复用而成。复用的个数是 4 的倍数,例如,4 个 STM-1 同步复用构成 STM-4,16 个 STM-1 或 4 个 STM-4 同步复用构成 STM-16。当 SDH 传输业务信号时,经过映射、定位和复用 3 个步骤将各种低速支路信号复用成STM-n 信号。SDH 对网络节点接口作了统一规范,使不同厂家的 SDH 设备能轻易实现互连。

SDH 定义了"容器"这种信息结构用于装载各种速率业务信号,ITU 规范了 5 种标准容器,我国使用其中 3 种,如 C-3 用于装载 E3(34Mbit/s)和 DS3(45Mbit/s)信号。图 1-3 是一个典型的 SDH 网络传输示意图。在节目发送端,通过适配器完成 TS 码流到 SDH 网络的接口适配(速率调整);在节目接收端,可以从网络中将码流接收下来,适配为 ASI 接口输出。

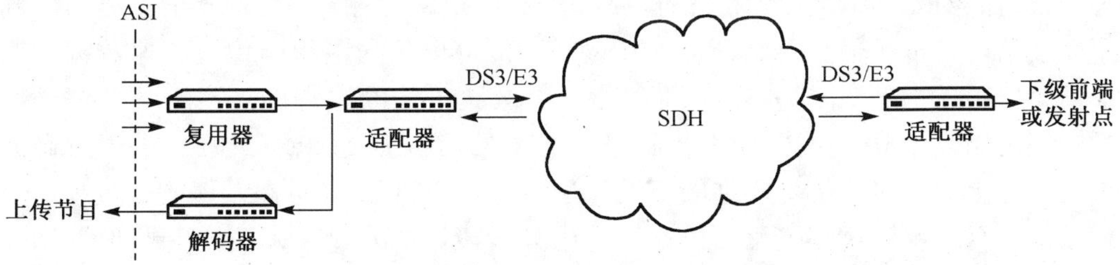

图 1-3　典型 SDH 网络传输

2. 光端机网络

利用预留光缆进行节目分配既经济又方便,分配网距离可达到 100km,如图 1-4 所示。这种光纤没有配备光源、接收机、其他终端或监控设备,通过连接在光纤两端的 ASI 光端机完成电-光转换和光-电转换及传输所需的信号调制解调、滤波和信号混合等。

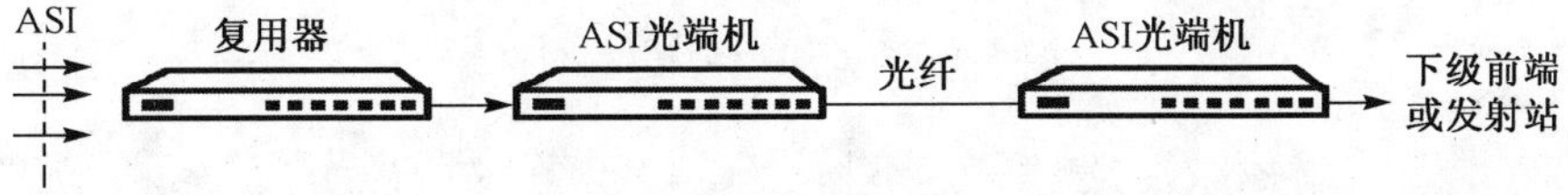

图 1-4　光端机网络示意图

通过光端机网络传输节目,唯一限制是用户的光端机设备和光纤自身的光学特性。为安全起见,使用时应规定最大的发射功率。

3. 数字微波网络

数字微波网络利用微波作为载波来传送信息。微波波段的低频端与普通无线电波中超短波的高频端(波长为 1m,频率为 300MHz)相毗邻,而高频端则与红外线的低频端(波长为 1mm,频率为 300GHz)相衔接。微波波段划分如表 1-2 所示。

表 1-2 微波波段划分

波段名称	波长范围	频率范围	波段名称
分米波	1m～10cm	0.3～3GHz	特高频(UHF)
厘米波	10～1cm	3～30GHz	超高频(SHF)
毫米波	1cm～1mm	30～300GHz	极高频(EHF)

相对普通无线电波而言,微波波长更短、频率更高。微波在其传播过程中,因波长短绕射能力差,必须在无阻挡的视线内传播(视距传输)才能完成正常通信。利用微波信道来传送信息,拥有很宽的通过频带,可以传送电视图像或高速数据等宽带信号。图 1-5是三个频点节目通过点对点微波传输的原理图。三路基带信号经过中频调制复用成一路中频信号,再经过微波发信机上变频到微波频段,通过微波天线发射出去。接收端对收到的微波信号经过下变频、中频分路及解调等过程还原成基带节目。有些情况下也可以不经过中频阶段,在微波频段直接调制,但调制方式仅限于 PSK。

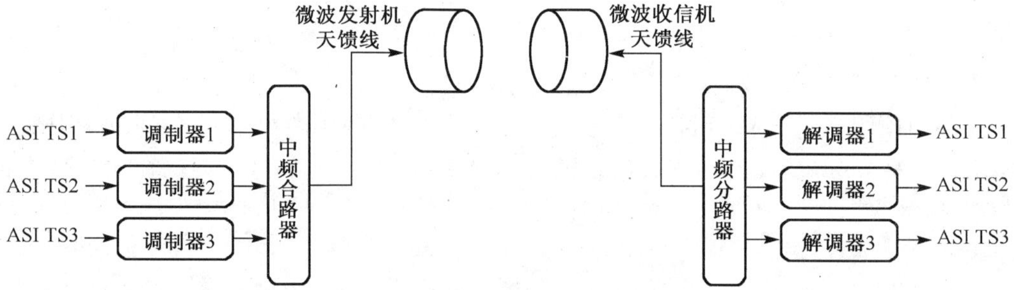

图 1-5 点对点微波传输链路

微波频段(吉赫兹级别)频率高,不易受工业噪声、太阳黑子变化等干扰的影响,1GHz 以上的频段通常采用视距传输,此时信号的衰减近似看作只有由于距离的增加而带来的信号能量的扩散,信道条件比较稳定;由于波长短,天线的尺寸可以做得很小,微波设备体积小、投资少、安装容易、建设快。在整个国家通信的传输体系中,数字微波通信是重要的辅助通信手段,特别在丘陵地区或其他地理条件比较恶劣的地区,数字微波通信具有一定的优越性。

我国部分地区有线电视网络覆盖农村时，因铺设光缆成本太高，也采用微波链路作为节目传输链路的补充。可以预见，地面数字电视广播节目分配将主要依靠数字微波方式。

1.4.2　SDH数字微波节目分配网络

SDH微波通信兼有SDH数字通信和微波通信两者的优点，是新一代数字微波传输体制。SDH数字微波通信具有大容量、灵活组网、传输质量好、低成本、建设速度快等特点，SDH微波网虽然在传输容量方面不如光纤传输网，但其灵活性、移动性、抗灾性都是光线通信无法比拟的，在通信领域占据重要地位。目前，数字微波通信已广泛应用于广播电视、电信部门，并且已逐渐进入公路管理系统、港航企业、海事管理部门、边远地区及一些大型企业的广播电视网络中。

1. SDH数字微波节目分配网络的组成

图1-6是一个传输3个频点地面数字电视节目的SDH数字微波传输网络组成原理图，选用DS3/45Mbit/s帧结构，SDH微波的射频带宽为155Mbit/s(STM-1)。

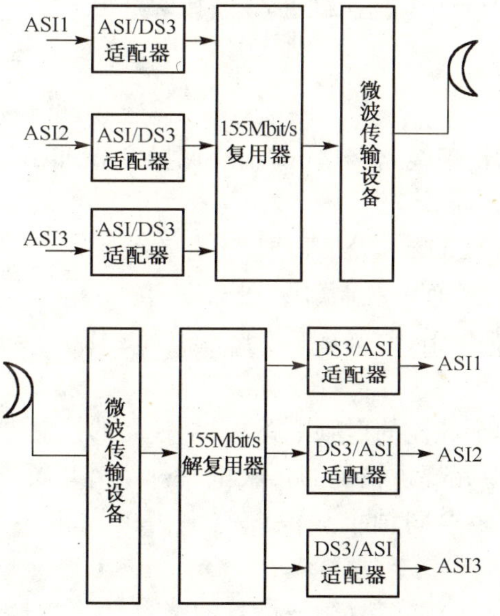

图1-6　SDH微波传输网络组成原理图

从节目前端编码、复用的信号经ASI/DS3适配器转换成DS2格式的数据流，多路DS3数据复用为STM-1(155Mbit/s)格式，通过微波传输设备发射；接收端微波传输设备还原 STM-1 格式数据，经解复用、DS3/ASI 适配输出 ASI 码流，送到电视广播发射系统。

2. 微波传输设备

如图 1-7 所示，一个典型微波传输系统包括一个室内单元(IDU)、一个室外单元(ODU)和一根高性能天线。

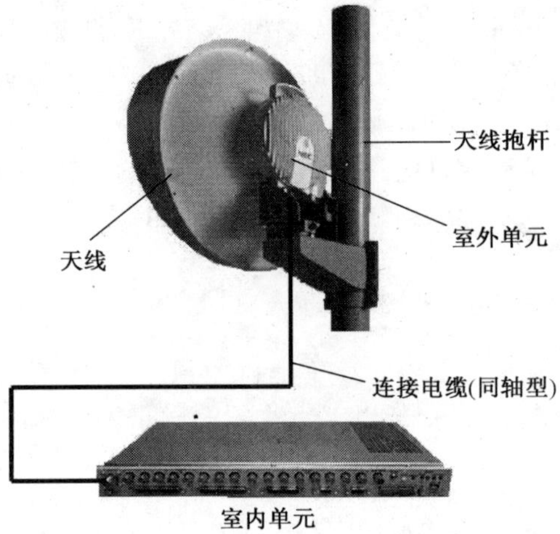

图 1-7　微波传输设备

室内单元主要包括物理线路接口、调制解调器和管理模块，室内单元主要完成以下功能：

(1)调制/解调 155Mbit/s SONET/SDH 有效载荷；

(2)本地和远端系统管理和控制(IDU+ODU)；

(3)为 2Mbit/s 旁路信道、64kbit/s 用户信道和 64kbit/s 预订线路信道提供接口；

(4)I/O 线路告警。

室外单元包括可调全波段的射频电路；一个独立的控制器控制室外单元功能并与室内单元对话，为室外单元提供精确的接收电平。室外单元与天线相邻，装在一个紧密防水的装置内，通过一根同轴单线电缆与室内单元相连。室外单元的主要功能包括：

(1)天线与室内单元间的接口(微波信号的接收/传输)；

(2)功率传输控制。

3. 中继传输

微波通信采用视距传输，当链路两端之间有遮挡或者因传输距离远衰减过大时，需要在合适的地方设立中继站，实现两端之间的通信。根据转接方式不同，中继方式可分为再生中继、中频转接和射频转接。

1）再生中继

来自天线的微波信号首先通过混频器下变频至中频（IF），经过解调、取样判决后，得到基带数字信号，然后将恢复的基带码流重新调制，经混频器上变频至微波发射频率（RF），放大后再通过天线发射出去。这种转接方式称为再生中继。

2）中频转接

中频转接只将收到的微波信号下变频至中频，经中频放大器放大后再送到发送设备的上变频器变换为微波频率，经功率放大后由天线发射出去。

3）射频转接

微波转接方式直接对微波放大后进行转接。由于不需要下变频至中频或基带，设备简单。但收和发的微波频率不能相同，因为实际系统中发射天线的信号功率不可能完全集中在发射方向的主瓣内，背向旁瓣的信号功率可能进入接收天线引起“背-背干扰”。因此，必须使中继站的发射载频和接收载频有一定的偏离（如偏离 0.2GHz）。

一些链路中间被阻挡，且这条链路不是很长，通常在靠近其中一个站点的地方找一个无源中转站，利用折射进行无源接力。

由于 SDH 数字微波传输容量大，一般采用再生中继站。再生中继站对收到的已调信号进行解调、判决和再生，然后转发至下一方向的调制器。经过处理可以去掉传输中引入的噪声、干扰和失真，这充分体现出数字通信的优越性。中频转接方式设备简单，不会造成信号的频率失真，也是常用的中继方式。在传送电视节目时，由于彩色电视信号对频率失真比较敏感，因此一般采用再生中继或中频转接中继方式。

4. 主要设备的性能指标

微波通信系统中发信端和收信端的性能非常重要，根据微波信号传送的特点，分别介绍发信机和收信机的主要性能指标。

1）发信机的主要性能指标

发信机的主要性能指标包括工作频段、输出功率和频率稳定度等。

（1）工作频段

从无线电频谱的划分来看，可以把频率为 0.3～300GHz 的射频称为微波频率，而目前通常使用的微波频率范围只有 1～40GHz。当然，系统工作频率越高，越能获得较宽的通频带和较大的通信容量，也可以得到更尖锐的天线方向性和天线增益。但当频率较高时，雨、雾及水蒸气对电波的散射或吸收衰耗增加，造成电波衰落和接收信号电平下降。这些影响对 12GHz 以上的频段尤为明显，并随频率的增加而急剧增加。

目前我国基本使用 2GHz、4GHz、5GHz、6GHz、7GHz、8GHz、11GHz 微波频段。其中 2GHz、4GHz、5GHz、6GHz 频段因电波传播比较稳定，通常用于干线微波通信，而支线或专用网微波通信常用 2GHz、7GHz、8GHz、11GHz 微波频段。

(2)输出功率

输出功率是指发信机输出端口处功率的大小。输出功率的确定与设备的用途、站距、衰落影响及抗衰落方式等因素有关。由于数字微波的输出比模拟微波有较好的抗干扰性能，故在要求同样的通信质量情况下，数字微波的输出功率可以小些。当用场效应管功率放大器作末级输出时，一般为几十毫瓦到 1W 左右。

(3)频率稳定度

在发信机的每个波道中，都有一个标称的射频中心工作频率，用 f_0 表示，工作频率的稳定度取决于发信本振源的频率稳定度。设实际工作频率与标称工作频率的最大偏差值为 Δf，则频率稳定度的定义为 $\Delta f/f_0$。

对于采用 PSK 调制方式的数字微波通信系统而言，若发信机工作频率不稳定，即有频率漂移，则这将使相干解调的有效信号幅度下降，误码率增加。对于 PSK 调制方式，通常要求频率稳定度在 $1\times10^{-5}\sim5\times10^{-6}$。

发信本振源的频率稳定度与本振源的类型有关。近年来由于微波介质稳频振荡源可以直接产生微波频率，并具有电路简单、杂波干扰及热噪声较小的优点，所以正在被广泛采用，其自身的频率稳定度可达到 $1\times10^{-5}\sim2\times10^{-6}$。如果对频率稳定度要求较高或较严格，如 $1\times10^{-6}\sim5\times10^{-6}$，那么可采用脉冲抽样锁相振荡源等形式的本振源。

2)收信机的主要性能指标

数字微波的收信设备和解调设备组成了收信系统，也就是收信机。解调设备是从中频输出中解调出数字基带信号，这里收信机主要是指收信设备，不包括解调设备，其主要性能指标包括工作频率、收信本振频率稳定度、噪声系数、通频带、选择性、收信机的最大增益和自动增益控制范围等。

(1)工作频率

收信机是与发信机配合工作的，对于某一个接收点而言，前一个微波站的发信频率就是本收信机的收信频率，频段的使用参见前面有关发信设备主要性能指标中的内容。

(2)本振频率稳定度

接收微波射频的频率稳定度是由发信机决定的。但是收信机输出的中频是收信本振与收信微波射频进行混频的结果，若收信本振偏离标称较多，则会使混频输出的中频偏离标称值，造成频谱能量的损失，导致中频输出信噪比下降，引起信号失真，使误码率增加。对收信本振频率稳定度的要求与发信设备基本一致，通常要求 $1\times10^{-5}\sim2\times10^{-5}$，要求较高者为 $1\times10^{-6}\sim5\times10^{-6}$。

(3)噪声系数

数字微波收信机的噪声系数一般为 3.5～7dB，比模拟微波收信机的噪声系数小 5dB 左右。

(4)通频带

收信机接收的已调波是一个频带信号，即已调波频谱的主要成分要占有一定的带宽。收信机要使这个频带信号无失真地通过，就要具有足够的工作频带宽度，这就是通频带。通频带过宽，尽管信号的主要频谱成分会无失真地通过，但也会使收信机收到较多的噪声；反之，通频带过窄，噪声自然会减小下来，但却造成有用信号频谱成分的损失。所以要合理地选择收信机的通频带和通频带的幅频衰减特性。经过分析可认为，一般数字微波收信设备的通频带可取传输码元速率的 1～2 倍。对于 $f_s=$ 8.448Mbit/s 的二相调相数字微波通信设备，可取通频带为 13MHz，这个带宽约等于码元速率(二相调相中与比特速率相等)的 1.5 倍，通频带的宽度是由中频放大器的集中滤波器予以保证的。

(5)选择性

对某个波道的收信机而言，要求它只接受本波道的信号，对邻近波道的干扰、镜像频率干扰及本波道的收、发干扰等要有足够大的抑制能力，这就是收信机的选择性。收信机的选择性是用增益—频率(G-f)特性表示的。要求在通频带内增益足够大，而且 G-f 特性平坦，通频带外的衰减越大越好，通带与阻带之间的过渡区越窄越好。

(6)最大增益

天线收到的微波信号经馈线和分路系统到达收信机。由于受衰落的影响，收信机的输入电平在随时变动。要维持解调机正常工作，收信机的主中放输出应达到所要求的电平，例如，要求主中放在 75Ω 负载输出 250mV(相当于－0.8dBm)。但是收信机的输入端信号是很微弱的，假设其门限电平为－80dBm，则收信机输出与输入的电平差就是收信机的最大增益。对于上面给出的数据，其最大增益为 79.2dB。

(7)自动增益控制范围

以自由空间传播条件下的收信电平为基准，当收信电平高于基准电平时，称为上衰落；低于基准电平时，称为下衰落。假定数字微波通信的上衰落为＋5dB，下衰落为－40dB，其动态范围(即收信机输入电平变化范围)为 45dB。当收信电平变化时，若仍要求收信机的额定输出电平不变，就应在收信机的中频放大器内设置自动增益控制

(AGC)电路，使之当收信电平下降时，中放增益随之增大；收信电平增大时，中放增益随之减小。根据上面假定的数据，本例中 AGC 范围就应为 45dB。

微波中继通信属于无线通信方式，其无线电波的收和发是由天线来完成的。即微波发信机输出的信号通过馈线(同轴电缆或波导)送至天线，由天线向对方发射无线电磁波，或由天线接收对方发射来的无线电磁波，并通过馈线送往微波收信机。由此可见，微波天线系统是构成微波通信系统的一个重要组成部分，有关天线的性能指标请参阅有关书籍。

第2章 编 码 器

编码器的主要功能就是去除视频、音频、数据等原始信号的冗余信息，以实现码率压缩与带宽占用减少，使信号在各类信道中进行有效传输。本章首先介绍编码基础知识，然后介绍编码器的功能及实现、编码器的性能指标及测试方法，最后通过实例介绍编码器的使用。

2.1 视频编码基础

2.1.1 视频编码原理

视频信号数字化后数据量巨大，对之进行保存、处理和传输都很困难，以分辨率为720×576的标准清晰度电视（SDTV）节目为例，假设数字化后每像素数据16bit（YUV格式，4∶2∶2），按每秒25帧计算，其数据率约为166Mbit/s。视频图像数据具有空间和时间相关性，存在大量的冗余信息。采用压缩编码技术后SDTV数据率通常可以降到1～10Mbit/s。一个好的压缩编码技术能够在保证一定图像质量的前提下最大限度地去除图像中的冗余信息。

压缩编码技术包含帧内图像数据压缩技术、帧间图像数据压缩技术和熵编码(entropy coding)压缩技术。主要的压缩编码技术包括以下几种。

1)运动预测和补偿

运动预测和补偿主要是利用运动图像之间的时间相关性。通常情况下，运动图像的相邻帧之间具有一定的相关性，也就是说对于当前帧中局部图像(如宏块，宏块的大小是16×16像素，宏块是运动预测的基本单位)，可以在相邻的参考帧中找到与之相同或相近的宏块，作为当前宏块的预测，从而只需要对运动矢量和预测残差进行编码。由于残差值一般都比较小，因此可以显著提高压缩比。

根据预测方式的不同，编码后的视频一般分为I帧、P帧和B帧。I帧采用帧内编码，描述图像背景和运动主体，解码时仅用I帧数据就可重构完整图像；P帧采用前向预测的帧间编码。它只参考前面最靠近它的I帧或P帧，在参考帧中搜寻其中“某块”的预测值和运动矢量，取预测后差值和运动矢量一起传送，接收端根据运动矢量从参考帧中找出P帧“某块”的预测值并与差值相加以得到P帧“某块”样值，从而得到完整的 P 帧；B 帧是双向预测内插编码帧，以前面的 I 帧或 P 帧和后面的 P 帧为参考帧进行运动预测，传送预测差值和运动矢量。同样，接收端根据参考帧、运动矢量和预测残值重构完整的图像。运动预测的目标是在参考帧中搜索与当前宏块最匹配的块，作为当前宏块的预测值。运动预测得越准确，补偿的残差越小，编码的效率越高。

2)变换编码

帧内图像和预测差分信号都有很高的空域冗余信息。变换编码将空域信号变换到另一正交矢量空间，使其相关性下降，数据冗余度减小。

变换编码的种类很多，MPEG-2 标准采用离散余弦变换(DCT)变换编码，DCT 将块的数据由空间域转换到频域，其优点是压缩性能好、复杂度适中且具有快速算法。DCT 的单位是 8×8 块，对于帧内编码的宏块，一般来说，相邻像素之间变化不大，即空间频率较低，因此经过 DCT 变换，大部分能量集中在低频系数，即变换矩阵的左上角；对于帧间编码的宏块，变换后的系数值将更小。

3)量化编码

经过变换编码后，产生一批变换系数，对这些系数进行量化，使编码器的输出达到一定的码率。MPEG-2 中量化是针对 DCT 变换系数进行的，量化过程就是以某个量化步长去除 DCT 变换系数，从而产生更多的 0 值系数。量化步长越小，量化精度越细，包含的信息越多，但所需的传输频带越高。不同的 DCT 变换系数对人类视觉感应的重要性是不同的，因此编码器根据视觉感应准则，对一个 8×8 的 DCT 变换块中的 64 个 DCT 变换系数采用不同的量化精度，以保证尽可能多地包含特定的 DCT 空间频率信息，又使量化精度不超过需要。DCT 变换系数中，低频系数对视觉感应的重要性较高，因此分配的量化精度较细；高频系数对视觉感应的重要性较低，分配的量化精度较粗。通常情况下，一个 DCT 变换块中大多数高频系数量化后都会变为零。

量化是帧内编码中唯一的“有损压缩”过程，根据人的视觉特性对图像信息进行过滤，选择合适的量化因子实现码率控制。与其他环节相比，量化环节算法不确定性最大、对编码效果影响最大。

4)熵编码

熵(entropy)本来是热力学中用来度量热力学系统无序性的一种物理量，1948 年香农在他创建的信息论中引进信息熵的概念，用来度量信息中所含的信息量。编码过程中不丢失信息量，根据信息出现概率的分布特性进行编码，这种信息保持编码称为熵编码。因此，熵编码属于无损数据压缩编码，是基于数据的统计特性的一种编码方式，它对变换、量化后得到的系数和运动信息进行进一步的压缩。

MPEG-2 标准采用霍夫曼(Huffman)编码,霍夫曼编码实际就是把出现概率最大的数据用最短的码字进行编码,出现概率最小的数据用最长的码字表示,使编码后的码率接近熵。其编码原理也很符合熵的性质,即出现概率最大的是事件携带的信息量最小,而不容易出现的事件携带大量的信息。霍夫曼编码的基本方法是先对图像数据扫描一遍,计算出各种像素出现的概率,按概率的大小指定不同长度的唯一码字,由此得到一张该图像的霍夫曼码表。编码后的图像数据记录的是每个像素的码字,而码字与实际像素值的对应关系记录在码表中。具体可以参考相关资料。

新一代的视频压缩编码算法采用多参考帧、多块类型、整数变换、帧内预测等新压缩技术,使用更精细的分像素运动矢量(1/4、1/8)和新一代的环路滤波器(环路滤波可以改善由于使用宏块划分图像所带来的块效应现象,使人在观看解码视频时感到更加自然)等技术,大大提高编码效率。

2.1.2 主要视频编码标准

目前国际上两大组织制定了大部分的通用音视频标准,而且都处在不断发展、更新换代中。

国际电信联盟(International Telecommunication Union,ITU,简称国际电联)是联合国负责国际电信事务的专门机构,是世界上历史最悠久的国际组织。其前身为根据 1865 年签订的《国际电报公约》而成立的国际电报联盟。

国际标准化组织(International Standard Organization,ISO)运动图像专家组(Moving Picture Experts Group,MPEG)是在 1998 年由 ISO 标准组织建立,专门从事多媒体音、视频压缩技术标准的制定,成员包括近 30 个国家、200 多个公司和 400 多位专家。

视频压缩国际标准主要由 ITU-T 制定的 H. 261、H. 262、H. 263、H. 264 和由 MPEG 制定的 MPEG-1、MPEG-2、MPEG-4 组成,其中 H. 262/MPEG-2 和 H. 264/MPEG-4 AVC 由 ITU-T 与 MPEG 联合制定。

1. MPEG-1/2

MPEG-1 制定于 1992 年,为工业级标准而设计,它可针对 SIF 标准分辨率(对于 NTSC 制为 352×240;对于 PAL 制为 352×288)的视频图像进行压缩,传输速率为 1.5Mbit/s,每秒播放 30 帧,具有 CD(指激光唱盘)音质,质量级别基本与 VHS 相当。MPEG-1 的码率最高可达 4～5Mbit/s。MPEG-1 也被用于数字电话网络上的视频传输,如非对称数字用户线路(ADSL)、视频点播(VOD),以及教育网络等。同时,MPEG-1 也可被用做记录媒体或在 Internet 上传输音频。值得一提的是 MPEG-1 音频分三层，其中第三层协议被称为 MPEG-1 Layer 3，简称 MP3。MP3 目前已经成为广泛流传的音频压缩技术。

MPEG-2 制定于 1994 年，设计目标是高级工业标准的图像质量以及更高的传输率。MPEG-2 所能提供的传输率为 3～10Mbit/s，其在 NTSC 制式下的分辨率可达 720×480，MPEG-2 也可提供并能够提供广播级的视频质量和 CD 级的音质。

由于 MPEG-2 的出色性能表现，已能适用于高清晰度电视(HDTV)应用，使得原打算为 HDTV 设计的 MPEG-3，还没出世就被放弃了。除了作为 DVD 的指定标准外，MPEG-2 还可用于为地面广播、有线电视网以及卫星直播提供广播级的数字视频。

2. MPEG-4

MPEG-4 于 1998 年 11 月公布，MPEG-4 不仅是针对一定比特率下的视频、音频编码，而且更加注重多媒体系统的交互性和灵活性。提高编码效率不是 MPEG-4 的唯一目际，MPEG-4 定义的是一种格式、一种框架，而不是具体算法，它希望建立一种更自由的通信与开发环境。基于内容的操作与比特流编辑支持无须编码就可进行基于内容的操作与比特流编辑。例如，使用者可在图像或比特流中选择一具体的对象(object)(如图像中的某个人、某个建筑等)，随后改变它的某些特性；自然与合成数据混合编码提供将自然视频图像同合成数据(文本、图形)有效结合的方式，同时支持交互性操作；MPEG-4 提供增强的时间域随机存取方式，在有限的时间间隔内，可按帧或任意形状的对象，对一音、视频序列进行随机存取。例如，以一序列中的某个音、视频对象为目标进行"快进"搜索；在易发生严重错误环境下的低比特应用中(如移动通信)，MPEG-4 通过选择性前向纠错(selective forward error correction)、错误遏制(error containment)或错误掩盖(error concealment)等技术提高抗错误能力(error robustness capability)；根据传输网络的现状，通过调整视频的空间和/或时间分辨率及图像质量(SNR)实现基于内容的可伸缩编码(content-based scalability)，提高自适应使用有限资源的能力。

MPEG-4 由于系统设计过于复杂，难以完全实现并且兼容，这一点有些偏离原来的初衷。另外，对中国企业来说还要面临高昂的专利收费问题。

3. H. 264/AVC

H. 264/AVC 是由 ITU 和 ISO 两个组织联合组建的联合视频组(Joint Video Team，JVT)共同制定的新数字视频编码标准，所以它既是 ITU-T 的 H. 264，又是 ISO/IEC 的 MPEG-4 高级视频编码(Advanced Video Coding，AVC)，而且它将成为 MPEG-4 标准的第 10 部分。因此，不论是 MPEG-4 AVC、MPEG-4 Part 10，还是 ISO/IEC 14496-10，都是指 H. 264。H. 264 最大的优势是具有很高的数据压缩率，在

同等图像质量的条件下，H. 264 的压缩比是 MPEG-2 的 2 倍以上，是 MPEG-4 的 1. 5～2倍。

H. 264 通过改进压缩编码技术提高编码效率。例如，采用多种更好的运动估计、更精确的帧内预测及小尺寸 4×4 的变换编码等，包括高精度估计、多宏块划分模式估计、多参数帧估计等，运动矢量位移的精度越高，帧间剩余误差越小，传输码率越低，即压缩比越高；多模式灵活、细微的宏块划分，更切合图像中实际运动物体的形状；用多个参数帧的运动估计，可获得比只用前一个刚编码好的帧作为预测帧更好的编码效果。

H. 264/AVC 在压缩编码效率、视频内容自适性处理能力方面及网络层面，特别是对 IP 网络及移动网络的自适应处理能力、抗干扰能力等方面，相比以往视频编码标准均有大幅度提高，也就造成了目前 H. 264 成为热点的局面。应该说，H. 264/AVC 的应用确实相当广泛，包括固定或移动的可视电话、移动电话、实时视频会议、视频监控、流媒体、多媒体视频、Internet 视频及多媒体、IPTV、手机电视、宽带电话以及视频信息存储等，这也是业内普遍看好它的重要原因。

4. AVS

AVS(Audio Video coding Standard)标准是《信息技术先进音视频编码》(GB/T 20090. 2—2006)系列标准的简称，是我国具备自主知识产权的第二代信源编码标准，也是数字音视频产业的共性基础标准。AVS 由“数字音视频编解码技术标准工作组”(简称 AVS 工作组)制定，数字音视频编解码技术标准工作组由国家信息产业部科学技术司于 2002 年 6 月批准成立，挂靠单位为中国科学院计算技术研究所。AVS 标准具备先进、自主、开放三大特点：其编码效率比 MPEG-2 标准高 2～3 倍，与 MPEG-4 和 H. 264 相当，代表了当前的国际先进水平；决定自主规则，创造了领导国际潮流的专利池管理方案，并配套了完备的法律文件；制定过程完全开放，为产业界创造良好的发展机会。自 2002 年 6 月 AVS 工作组成立以来，AVS 得到了技术界、政府部门和企业界的广泛关注和支持，产业化稳步向前。

2006 年 2 月 22 日，《信息技术先进音视频编码》的视频编码部分成为国家标准，获批的标准号为 GB/T 20090，并于 2006 年 3 月 1 日起实施。AVS 标准包括系统、视频、音频、数字版权管理与保护等四个主要标准和一致性测试等支撑标准，共九部分。

AVS 对节目提供商和运营商免费，只对 AVS 编解码产品收费，额度为每台设备 1 元人民币。目前，AVS 已经得到中国网通、中国电信 IPTV 业务的支持。

AVS 视频与 MPEG 标准都采用混合编码框架，包括变换、量化、熵编码、帧内预测、帧间预测、环路滤波等技术模块，这是当前主流的技术路线。AVS 的主要创新在于提出一批具体的优化技术，在较低的复杂度下实现了与国际标准相当的技术性能，但并未使用国际标准背后的大量复杂专利。AVS视频当中具有特征性的核心技术包括8×8整数变换、量化、帧内预测、1/4精度像素插值、特殊的帧间预测运动补偿、二维熵编码、去块效应环内滤波等。

AVS标准支持多种视频业务，考虑到不同业务之间的互操作性，AVS标准定义了档次(profile)和级别(level)。档次是AVS定义的语法、语义及算法的子集；级别是在某一档次下对语法元素和语法元素参数值的限定集合。为了满足高清晰度/标准清晰度数字电视广播、数字存储媒体等业务的需要，AVS视频标准定义了基准档次和4个级别(4.0、4.2、6.0和6.2)，支持的最大图像分辨率从720×576到1920×1080，最大比特率从10Mbit/s到30Mbit/s。

AVS视频码率不到MPEG-2典型码率1/2(标清)和1/3(高清)的情况下，质量损失很小，因此相比于MPEG-2视频编码效率高2～3倍的前提下，AVS视频质量已完全达到了大范围应用所需的"良好"要求。对比MPEG标准组织对MPEG-4 AVC/H.264的测试报告，AVS在编码效率上与其处于同等技术水平，达到广播应用要求，并且在视频编码领域处于国际领先地位。

2.1.3 我国视频标准应用现状

1. VCD

VCD是Video Compact Disk的缩写，采用MPEG-1的压缩方法来压缩图像，图像分辨率达到352×240(NTSC)或352×288(PAL)1.15Mbit/s码率，声音格式则采用44.1kHz取样频率。VCD是一种在光碟(compact disk)上存储视频信息的标准，可以在个人计算机或VCD播放器以及大部分DVD播放器中播放，是以往录像带和镭射影碟的替代品。

VCD可以认为是诞生于中国的特殊产品，当年所取得的辉煌任何别的产品都难以望其项背。VCD影碟机在中国上市不过3年，却迅速赢得了广大消费者的喜爱。从1996年开始，国内VCD市场呈现"爆炸式"增长，销售量从1995年的60万台猛增到1996年超过600万台，再到1997年的1000多万台。商业部的一份内部报告中也指出："从1994年批量生产开始至今的近十年时间，形成一个年销售收入达人民币一百多亿元的影碟机产业，这种发展速度在中国绝无仅有，在世界工业史上也属罕见。"

进入1998年，DVD市场开始启动，VCD步入敏感时代。厂家开始价格战之后又开始了质量战和服务战。到1999年6月，VCD和超级VCD纷纷跌破千元大关，降幅高达20%～30%。从此VCD结束了其辉煌时代。

2. DVD

DVD(Digital Versatile Disc)是数字化多功能光盘的简称，它采用了 MPEG-2 标准(ISO/IEC 13818)来压缩画面，这个标准有如下两个显著的参数：画面分辨率为 720×480，码率达到 1～10Mbit/s。DVD 比 VCD 的 MPEG1 的 320×240 分辨率提高了 4 倍多，数据量也增大了很多，加之音效质量也有所提高，达到了 24bit/96kHz 的标准，并支持外挂字幕和声道，以及多角度欣赏等数码控制功能，因此在单位时间内播出的数据流量大增。原来的 VCD 数据流量只有 150KB/s，大约是 1.15Mbit/s，DVD 最高峰值达到了 10Mbit/s。

1996 年 8 月，日本索尼公司推出世界第一台 DVD 机。这款被誉为“世纪玫瑰”的 DVD 影碟机与传统 VCD 机相比，其画面清晰度及音质等方面都有着更为卓越的性能。从 1996～2001 年，中国逐渐发展成为一个 DVD 生产大国。据悉，2001 年全球的 DVD 产量是 2600 万台，其中中国的产量就占 1000 多万台。中国成为世界上最大的 DVD 设备生产国，同时也成为世界上最大的 DVD 市场。

我国的 DVD 产量增长势头猛，价格低，产品性价比有着明显优势，但由于缺乏在较高技术层次上的知识产权，在世界市场上崭露头角的中国 DVD 企业遭到外国企业征收高额专利费的压制。从 1999 年开始，拥有 DVD 专利的 6C 联盟(日本东芝、松下、JVC、日立、三菱电机和美国的时代华纳)、3C 联盟(飞利浦、索尼和先锋公司)以及汤姆逊公司、MPEG-LA 专利收费公司和杜比公司不断提出专利费要求。经过中国电子音响工业协会代表中国企业与这些公司艰苦谈判后达成的协议，目前中国企业出口的每台 DVD 要缴纳 9 美元的专利费。昂贵的专利许可使用费，使中国的 DVD 生产企业迅速走入困境。

3. 数字电视广播视频标准应用情况

自 1995 年科学技术部批准实施中国高清晰度电视重大科技产业工程项目以来，中国的数字电视已经历了十几年的发展。国内一些有线网络运营商 1999 年开始着手有线电视数字化转换工作，2003 年 5 月国家广播电影电视总局颁布《我国数字电视总体方案》，标志有线电视整体平移真正开始。2006 年，在网络大规模建设、终端迅速普及、运营商广泛介入三个因素的推动下，数字新媒体的内容生产和提供形成了一定规模，包括有线数字电视、地面移动数字电视、移动多媒体广播、直播卫星电视、移动通信媒体、互联网和 IPTV 都呈现了不同程度的发展。

我国的有线电视和直播卫星电视节目基本上采用 MPEG-2 技术标准。其中，传输流符合 ISO/IEC 13818-1，视频流符合 ISO/IEC 13818-2，音频流采用 MP1(L1、L2、L3)、MP2(5.1ch)、AC-3、MP4-AAC。

我国 2006 年 6 月颁布自主知识产权的地面数字电视传输标准(GB 20600—2006),并作为强制性国家标准,2007 年 8 月开始在全国范围内实施。2009 年国家财政投入 25 亿元发展地面数字电视,在 3 年内实现对全国地面数字电视信号的覆盖。除边远山区外,覆盖 90%的用户。地面数字电视全国覆盖分为两个阶段:第一个阶段是在 37 个大中城市转播中央电视台高清节目,同时有标清频道同播节目;第二个阶段是在 333 个地市及 2861 个县播出标清同播节目,同播中央省市县的标清节目。目前,我国农村地面数字电视广播及城市移动电视广播呈现蓬勃发展之势。由于地面数字电视广播缺乏统一的规划,各地在视频标准采用方面也呈现多样化的格局,从最初的 MPEG-2 标准,考虑到利用有限的无线频率资源传送更多的节目内容,很多运营商选用效率更高的视频编码标准,如 H. 264、AVS 等。

2011 年 3 月,中国国家标准化管理委员会颁布了标准文号为 GB/T 26683—2011 的《地面数字电视接收器通用规范》和 GB/T 26686—2011 的《地面数字电视接收器通用规范》,规范要求地面数字电视接收机和接收器应能对符合 GB/T 20090. 2—2006(即 AVS 标准)中规定的帧频为 25Hz、4∶3 或 16∶9 幅型比的码流进行解码。意味着从本标准出台之日起,各生产企业可根据具体情况自由选择 AVS 或 MPEG-2 等标准,但是标准出台 1 年之后,必须支持 AVS 标准。由于所有数字电视机都必须具备地面无线电视接收功能,这意味着一年内在我国市场销售和用户购买的所有电视机都将内置 AVS 功能,已拥有电视机的家庭为了接收数字地面电视而购置的接收机(俗称机顶盒)也将具备 AVS 功能。

2.2 音频编解码技术的发展历程和现状

2.2.1 Dolby 标准

Dolby 博士是英国人,他在美国设立杜比实验室,先后发明了杜比降噪系统、杜比环绕声系统等多项技术,对电影音响和家庭音响产生了巨大的影响。

杜比之所以能够广泛地应用在各类消费电子产品、电视台、电影院等领域,关键是杜比数字技术已经成为国际各种行业组织或者企业联盟的标准。杜比数字技术首先被美国先进电视系统委员会(ATSC)选定为标准,杜比数字成为国际电信联盟(ITU-R)标准。在澳大利亚和其他国家广播商的要求下,欧洲数字视频广播组织(DVB)于 1999 年将杜比数字包括在其标准中,内置杜比数字解码器的设备和采用杜比数字音频的数字电视播出均符合 DVB 的标准。

与杜比紧密合作使厂商能够在最短的时间内生产出工作正常的产品,从而大幅度降低开发成本和缩短新产品进入市场的时间。产品上的杜比商标被全世界的消费者认为是高品质和可靠性的象征，为数字电视广播产品，特别是对价格十分敏感的机顶盒增加了价值。

为了在普通家庭中也能欣赏到与电影院类似的效果，杜比实验室相继推出了“杜比环绕声系统”和“杜比定向逻辑环绕声系统”。杜比定向逻辑环绕声（Dolby Pro Logic Surround），是对第一代“杜比环绕声系统”进行改进后的第二代家用视听环绕声系统，发布于 1987 年。从 80 年代末到现在，已广泛用于录像机、LD、VCD 等影视节目声音效果的录制中，当然，其解码系统也就自然地落户到 AV 功率放大模块中了。该系统有左、右、中置、环绕四个声道，并采用了特殊设计的方向性增强电路，能根据节目信号的实际情况对各个声道的相对强弱做出随机应变的巧妙调整，从而使声像定位感、方向感、移动感以及声场原貌的再现能力在很大程度上得到强化，真正实现了家庭中的“影院”效果。于是，杜比功率放大模块成为人们组建家庭影院的首选器材。当然，必须是带有杜比定向逻辑环绕声的碟片与杜比功放相配合才能实现期望的效果。

杜比定向逻辑环绕声尽管在性能上已达到较高的水平，但它仍旧摆脱不了模拟技术的限制。随着数字技术的日益成熟，为了满足下一代电视广播的要求，在杜比定向逻辑环绕声的基础上，1994 年杜比实验室与日本先锋公司发布了它们合作研制开发的一种全新的数字化多通道影视音响系统 Audio Coding-3，取其首写字母命名为 AC-3，1997 年又更名为杜比数码，即 Dolby Digital。它既可装备到电影院，又可配置到家庭影院中。

杜比 AC-3 是一个压缩/解压缩系统。它采用先进的数码压缩技术，应用了杜比独创的特殊技术，把完全独立的前置左（L）、前置右（R）、中置（C）、左环绕（Ls）、右环绕（Rs）和超重低音（S）六个声道（5.1 声道）压缩编码成两个声道，记录在电影胶片或影碟上。在播放时再通过解码器还原成六个声道进行播放。为了达到宽动态范围、高信噪比、高分离度、保证信号的保真度等目的，各声道先采用完全独立的方式录音，然后再进行压缩编码处理。压缩时，杜比实验室利用音响心理学的基本原理，在无信号时使其保持宁静，而有音频信号时则利用较强的信号掩蔽听觉范围内的噪声，并删除人耳所听不到的或频率相近但音量小可忽略的信号部分。这样，大大地减少了需要处理的内容，使 AC-3 达到了较高的数字音频压缩效率，却仍然能给人以极为完整的、效果真实的感觉。

杜比 AC-3 是一种比以往各种方式更为先进的高质量数码音频编码格式，该系统设置互相独立的 6 个声道，它们是全频带的左、右、中置、左环绕和右环绕，再加上 1 个 120Hz 以下的超低音声道，因而又称为 5.1 声道。在此系统中要求超低音声道比其他 5 个全频带声道大 10dB，可获得震撼力超群的低音。该全频带的 5 声道又称为 3/2 形态，或称为 3/2 立体声系统，它是由 3 个前置主声道和 2 个环绕声道组成。杜比 AC-3

具有两个突出的特点。第一，数码化的音响效果非凡，动态范围很宽，各声道的频率响应都超过 20kHz，有很高的信噪比，完全独立的 6 声道大功率输出，没有后置环绕声道的干扰。第二，它备有超低音输出，并使用独立音轨录音，它是数码化音频信号，具有电影院般的超低音输出效果。

杜比 AC-3 具有全频带立体声环绕，频率响应范围均为 20～20kHz，每个声道可同时携带不同的信号。而杜比定向逻辑环绕声是单声道环绕声，各声道频响范围较窄，限制在 100～7000Hz，只能从左至右、从前至后地动向控制，各声道之间分离度也不够高，信噪比较差。系统基本上也是杜比环绕的多声道，后置的环绕声道仍是仅约 7kHz 带宽的单声道，不是真正的立体声。而杜比AC-3做了重大变化，它从开始记录音频信号时就采用了新的 5.1 声道音响系统。它输出的超低音是从原始的 4 声道中分离出来的，不是单轨录制的音响效果。

2.2.2 AAC 标准

AAC(Advanced Audio Coding)中文称为“高级音频编码”，是一种专为声音数据设计的文件压缩格式，基于 MPEG-2 的音频编码技术，AAC 是 MPEG-2 音频编码技术标准之一，在 MPEG2 技术标准中的第七部分进行了标准化(ISO/IEC 13818-7)。杜比公司从 1998 年开始管理 AAC 的知识产权池，目前 VIA LICENSING 公司负责管理其知识产权池的工作，代理 AT&T、杜比、Fraunhofer IIS 和索尼等公司收取相关的知识产权费。2000 年，MPEG-4 标准出现后，AAC 重新集成了其特性，加入了 SBR 技术和 PS 技术，为了区别于传统的 MPEG-2 ，AAC 又称为 MPEG-4 AAC。

早在 1987 年，Fraunhofer IIS 就开始了“EUREKA project EU147，Digital Audio Broadcasting(DAB)”的研发，而这就是 MP3 的前身。通过与 Dieter Seitzer 教授的合作，他们开发出了著名的 ISO-MPEG Audio Layer-3 压缩算法。1993 年这个算法被整合到 MPEG-1 标准中，从此 MP3 被投入使用。1996 年底 Fraunhofer IIS 在美国获得 MP3 的专利，并在 1998 年对外声明将收取 MP3 的专利使用费。而从 1999 年初开始，MP3 格式广泛流行起来。特别是出现了很多免费提供 MP3 的音乐网站，MP3 随身听也像洪水般涌进市场，种种因素促使 MP3 成为极其主流的音频格式。尽管之后有 VQF、WMA 等挑战，但 MP3 牢固的根基使它至今仍稳稳地坐在老大的位置上。

但是音频格式就像电脑软硬件一样，终归要更新换代的。随着时间的推移，MP3 越来越不能满足需要，比如压缩率落后于 Ogg、WMA、VQF 等格式，音质也不够理想(尤其是低码率下)，仅有两个声道等，于是 Fraunhofer IIS 与 AT&T、索尼、杜比、诺基亚等公司展开合作，共同开发出了被誉为“21 世纪的数据压缩方式”的 Advanced Audio Coding(AAC)音频格式，以取代 MP3 的位置。

AAC 主要可能的应用范围集中在 Internet 网络传播、数字音频广播以及数字电视及影院系统等方面。AAC 使用了一种非常灵活的熵编码核心去传输编码频谱数据。具有 48 个主要音频通道、16 个低频增强通道、16 个集成数据流、16 个配音、16 种编排。

作为一种高压缩比的音频压缩算法，AAC 通常压缩比为 18∶1，远胜于 MP3，而由于采用多声道和使用低复杂性的描述方式，使音质比几乎所有的传统编码方式在同规格的情况下更胜一筹。不过直到 2006 年，使用这一格式储存音频的应用并不多，可以播放该格式的 MP3 播放器更是少之又少。目前所知仅有苹果 iPod，而手机支持 AAC 的相对要多一些，此外电脑上很多音频播放软件都支持 AAC 格式，如苹果 iTunes。

2.2.3　DRA 标准

DRA(Digital Rise Audio)是广州广晟数码技术有限公司(Digital Rise Technology)开发的一项数字音频编码技术，目前是音频编码的国家标准。2007 年 1 月被批准成为中国电子行业标准(SJ/T 11368—2006)。2009 年 2 月 11 日，国家质量监督检验检疫总局和国家标准化管理委员会在国家标准批准发布文告 2008 年第 23 号(总第 156 号)中，正式颁布《多声道数字音频编解码技术规范》(DRA)为国家标准(GB/T 22726—2008)，2009 年 6 月 1 日开始实施。DRA 音频标准可应用于数字电视、数字音频广播、数字电影院、激光视盘机、网络流媒体、IPTV 及移动多媒体等领域。

DRA 音频标准同时支持立体声和多声道环绕声的数字音频编解码，它的最大特点是用很低的解码复杂度实现了国际先进水平的压缩效率。由于 DRA 技术编解码过程的所有信号通道均有 24bit 的精度容量，故在码率充足时能提供超出人耳听觉能力的音质。国际蓝光光盘协会已经正式宣布 DRA 已经通过了蓝光组织的技术测试和评估，DRA 成为蓝光光盘的音频标准已经进入了最后的规格书制定阶段。

根据 ITU-R BS. 1116 小损伤声音主观测试标准，国家广播电影电视总局规划院对 DRA 进行了多次测试，测试表明 DRA 音频在每声道 64kbit/s 的码率时即“达到了 EBU(欧洲广播联盟)定义的‘不能识别损伤’的音频质量”。又根据 ITU-R BS. 1534-1 标准，在国家广播电视产品质量监督检验中心数字电视产品质量检测实验室对 DRA 音频在每声道 32kbit/s 码率下的立体声进行了主观评价测试，结果表明，“评价对象(DRA)的每个节目评价结果均为优，音质总平均分达到 88. 2 分”。采样频率范围为 32～192kHz，采样精度为 24bit，比特率范围为 32～9612kbit/s，可支持的最大声道数为 64. 3，正常声道为 64 个，低频效果声道(LFE)3 个音频帧长 1024 个采样点，支持编码模式恒定比特率(Constant Bit Rate,CBR)、可变比特率(Variable Bit Rate,VBR)、平均比特率(Average Bit Rate,ABR)压缩效率每声道在 64kbit/s 码率下“达到了EBU 定义的‘不能识别损伤’的音频质量”。

作为我国直播卫星电视确定的两个音频标准之一,在已经制定的直播卫星通道条件下,DRA 在立体声和 5.1 环绕声都可以提供高保真的效果。另外,采用 DRA 音频标准的高保真广播节目已经通过卫星覆盖了 37 个城市,24 小时无间断播出 2 套免费广播节目(中央人民广播电台和中国国际广播电台);除此以外,各地方还可以自行采用 DRA 标准增加地方广播节目频道,贵阳、广州等地已经开通了本地节目。

DRA 技术于 2007 年 8 月由中国华录集团正式向蓝光光盘协会提案,经过了蓝光光盘协会在美国和日本进行的两轮技术评估,最终获得正式通过。整个评估过程采取了与评估其他同类技术相同的步骤和标准,并遵循了透明和开放的态度。DRA(数字音频编解码)技术已经作为蓝光光盘格式的可选编解码技术,被写入 BD-ROM 格式的 2.3 版本。这意味着,由中国自主研发的 DRA 技术已经成为全球下一代 DVD 高清光盘标准——蓝光光盘格式的一部分。

2.3 编码器原理与实现

2.3.1 编码器原理

编码器的基本功能是将基带的数字视音频信号进行压缩,并且通过 ASI、SPI 等接口输出符合 MPEG-2 标准的 TS。而解码器是编码器得逆过程,通过将输入的 TS 解压缩,输出模拟或者数字的视频音频信号。

编码器的输出码率是可以设置的,一般 4:2:0 压缩方式编码器的输出码率是 1~15Mbit/s,4:2:2 方式下输出的视频码率可以达到 50Mbit/s;音频码率可以从 32kbit/s到 384kbit/s 设置。为了保障图像的效果,编码器的输出分辨率在低码率下可以设置成 3/4D1、2/3D1、HD1 或者 SIF 等多种分辨率。

根据应用的场合不同,编码器一般具有模拟视频音频接口、数字视频音频接口,在传输上除了支持 ASI/SPI 等接口外,还支持 DS3/E3、E1、IP 等接口,有的编码器还具有数据、图文接口。为了应用灵活方便,编码器具有 PAT、PMT、SDT、NIT(参见本书第 3 章)等常用 PSI/SI 的自动生成功能。

如图 2-1 所示,编码器从原理上主要可以分为 4 部分,分别是视频处理压缩、音频处理压缩、TS 复用和接口协议转换。

如果输入的是模拟信号,则需要把模拟信号变成符合 ITU-R BT 601/656 标准的

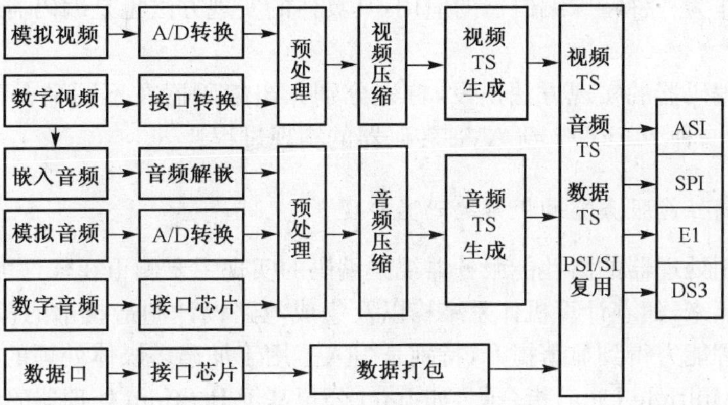

图 2-1 编码器原理框图

数字基带信号(A/D 转换),然后进入预处理模块进行去噪、时基校正等处理,之后进入压缩模块进行压缩。

音频处理包含模拟音频的模拟数字转换、音量的处理等,之后进行压缩编码。

复用部分是将视频音频和数据、PSI/SI 部分复用在一起,而接口协议转换是将最终的 TS 转换成需要的各种接口,如 ASI、DS3、E1、SPI 等都是有可能用到的接口。

2.3.2 编码器硬件实现

在视频编码技术应用的初期有两种发展趋势,一种是使用专用硬件进行实时视频编码;另一种是使用纯软件进行离线的非实时图像、视频编码。由于处理器性能和存储器密度的不断提升,软、硬件之间的设计差别渐渐模糊,能够支持视频编码的平台广泛出现。一般根据实际应用的具体特征和需求,有三种主要的处理平台支持视频编码系统的实现:通用处理器(General Purpose Processor,GPP)平台、数字信号处理器(Digital Signal Processor,DSP)平台、专用硬件(dedicated hardware)平台。如今的通用处理器平台已经能够达到十分可观的实时编码性能,例如个人计算机(Personal Computer,PC),由于集成电路的发展、广泛的应用需求和价格竞争等因素得到快速发展,PC 中处理器由低频到高频、由单核到多核,其性能不断提升,具有很强的图像、视频处理能力。与此同时,专用硬件在特定环境下的应用也是不可替代的,例如高端的视频处理、极低功耗系统等应用环境。近年来出现了媒体处理器(media processor),它属于一种计算能力较强的数字信号处理器(DSP),其功能与作用处于通用处理器和专用硬件之间,并且对音视频处理和通信提供了有力支持,在软硬件方面都具有一定的灵活性。

转码器作为一种特殊编码器的应用,其具体的实现方法也是编码器应用中一项重要的技术。

下面从编码器的实现方法出发,首先分别介绍编码器在不同平台下典型实现范例,然后介绍一种 MPEG-2 到 AVS 转码器的实现过程。

1. 基于高性能服务器的视频编码器实现

基于通用处理器的高性能服务器视频编码的实现主要侧重在软件优化加速方面。尤其是近些年来,随着计算机体系结构以及集成电路设计制造技术的快速发展,通用处理器的处理能力得到显著提升,特别是引入了用于加速多媒体处理的 SIMD(Single Instruction Multiple Data)指令集,如 Intel 公司基于 Pentium 处理器的 MMX(Multimedia eXtension)指令集、流指令扩展指令集 SSE(Streaming SIMD Extension)、AMD 公司开发的 3DNow! 指令集、Sun 公司 UltraSPARC 处理器的 VIS 指令集,以及 Motorola公司 PowerPC 处理器的 AltiVec 指令集,使得在单核、多核(或者多个通用处理器)上实现视频实时编解码成为可能。基于通用处理器的编解码实现的共同特点是采用通用处理器提供的多媒体指令集进行优化,通过多线程、多核(或者多处理器)来获得所需的计算能力,优点是设计灵活,易于验证和维护,并且开发周期短。但通用处理器自身的成本较高,又需要大量外设的支持,功耗巨大。

基于高性能服务器的视频编码器,本质上是串行执行的视频编码器,所有工作由软件完成,在编写实时编码代码时根据服务器的性能满足以下几项要求:

(1)最大化编码帧率,帧率越高观看舒适度越高,但是对硬件要求也越高;

(2)最大化图像尺寸,发挥服务器性能尽可能处理分辨率更高的图像;

(3)最大化图像质量,编码过程不可避免会有信息的损失,造成图像质量下降,所以要尽可能少地降低图像质量;

(4)最小化延时,从输入源视频数据到输出编码数据,时间尽可能短;

(5)最小化代码量;

(6)提供灵活的 API,以便使编码器的使用更加灵活;

(7)保证代码的稳健性,以保证编码器的稳定性。

图 2-2 为基于高性能服务器的高清视频编码器整体结构图,包括编码器和接口部分,编码器需要能够接收多种形式的未编码源数据,并且能够以不同要求输出编码后的码流。

基于服务器的视频编码器都是以 H. 264、AVS 或者其他的参考模型(reference model)代码为基础,对参考模型进行优化,加快处理速度。相应的编码器内各个功能模块在参考模型代码中体现为不同的函数,要实现实时的编码就必须使得各个功能模块总执行时间满足实时的要求。这就必然使得参考模型中某些复杂的功能执行相应的转换或简化，如在执行运动估计时使用三步法、钻石法等快速搜索方法；在执行帧内预测时执行快速模式判决等。

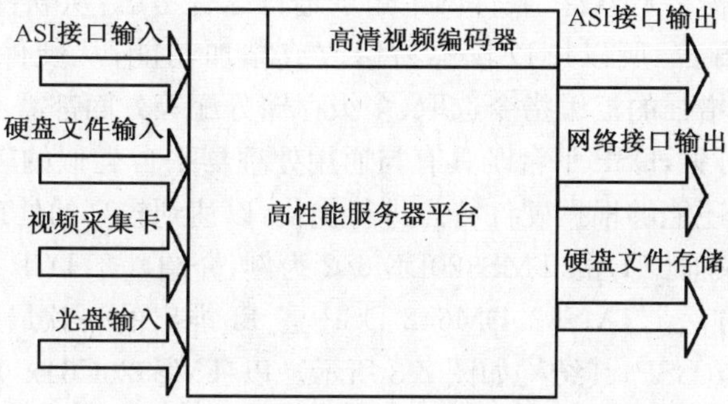

图 2-2 基于高性能服务器的高清视频编码器整体结构图

在优化的过程中注意的几个原则有：

(1)最小化编码函数之间的相关性；

(2)最小化函数之间的数据流；

(3)最小化函数调用开销，这可能意味着对相关代码进行合并和简化；

(4)尽快传送已编码宏块数据，若等待整帧编码完成再作传递，那么编码的延时将会增加。

在所有实现方式中，基于通用处理器的高性能服务器实现方式是最为灵活的，对后续视频编码功能的更新、改进都大有益处。但是由于为提高速度而执行的优化是对参考模型的简化，故降低了图像质量。

2. 基于 DSP 的视频编码器实现

与通用处理器相比，DSP 内部增加了一些加速数字信号处理的专用部件，能够更为有效地实现一些复杂的数字信号算法，例如音频压缩、通信、信号滤波、降噪等，而且 DSP 功耗也相对较低。近年来随着多媒体的广泛推广，出现了为满足数字视频系统需求的专用 DSP，称为“媒体处理器”，如德州仪器(TI)公司的 DM 系列处理平台，飞利浦(Philips)公司的 TriMedia 系列处理平台，美国模拟器件(ADI)公司的 Blackfin 系列处理平台，Equator 公司的 MAP 系列处理平台等。一般媒体处理器采用超长指令字(Very Long Instruction Word，VLIW)结构，VLIW 处理器在一个时钟周期内能够在多个数据字上执行多种操作，对视频编码中计算密集型的运动估计和 DCT 变换等部分的设计实现十分有效；此外，一些平台中还采用了协处理器(co-processor)来分担一部分视频处理操作，例如，TriMedia 系列处理平台中就包含了图像协处理器和变长解码协处理器，其中图像协处理器能够分担视频图像的前、后处理操作，变长解码协处理器能够分担 MPEG-2 的解码操作。媒体处理器平台提供专门的视频处理硬件单元和视频处理指令，使得 DSP 在视频压缩和处理方面具有更强的性能。使用 DSP 进行视频编码开发，需要从软件、硬件两个角度进行综合考虑：从软件角度看，DSP 编译器能够支持高级语言，所以可以较容易修改或添加功能；从硬件角度看，处理器的 VLIW 结构、功能增强的汇编指令选取、多级存储分配等方面都需要进行考虑，才能够实现高度优化。可见，DSP 平台既具有与通用处理器平台类似的软件灵活性，开发周期也比较短，同时还能够根据硬件特点进行优化，以达到较高的处理性能。

本书以德州仪器(TI)的 TMS320DM642 为例，介绍基于 DSP 的 CIF 格式视频实时编码器的实现方法。TMS320DM642 DSP 是 TI 推出的一款最新的适合于多媒体应用的可编程定点 DSP，其结构如图 2-3 所示。以 TMS320C64x 为核，该器件具有超长指令字(VLIW)架构、256KB 的 SRAM 和 32MB 的外部存储器、2 级存储器高速缓存层次结构以及 EDMA 引擎等关键特性。TMS320DM642 通过增强的直接存储器访问(EDMA)控制器控制内部存储器，外部存储器和外围设备之间数据传输。因此，通过 EDMA 技术的使用，DSP 的速度能够得到改善。与通用 C6000 指令相比，TMS320DM642 扩展了 88 条指令，并能依据不同的条件灵活地选择最佳指令，以便于芯片能够获得更好的性能，并且更易实现图像处理，是当前应用较多的 DSP 视频编码芯片。

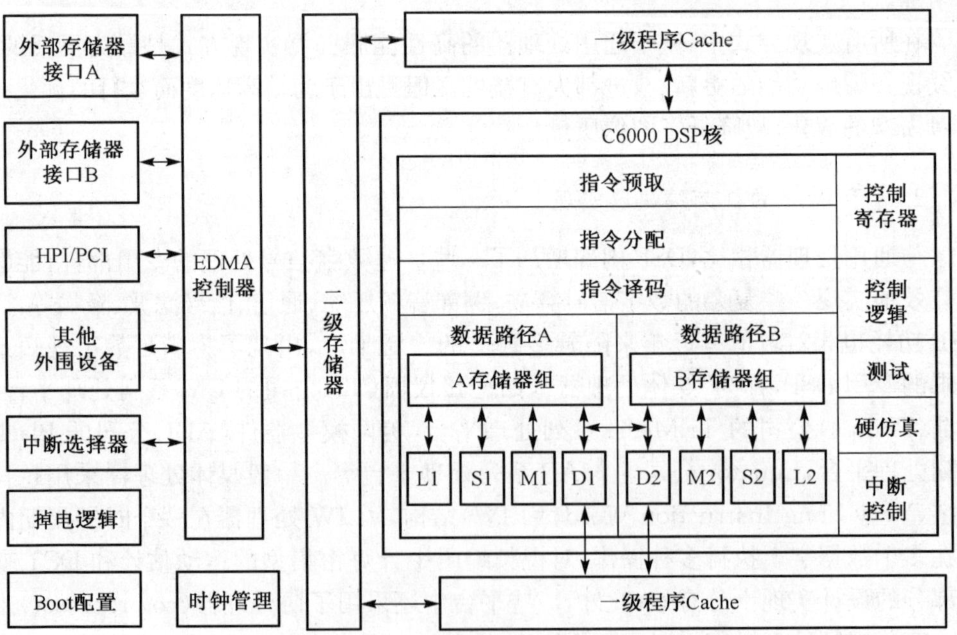

图 2-3　TMS320DM642 芯片结构图

由于DSP处理器的多数操作依然是串行执行，所以代码的架构与通用处理器平台相似。但由于通用处理器CPU和DSP处理器的CPU具有不同的结构，所以H.264编码器参考模型未经优化直接移植到DSP平台，编码速度不足以满足实时处理的要求。因此，依据DSP的结构特点进行适当优化显得非常必要，其实现流程一般分三个阶段：第一阶段产生和评估C代码；第二阶段优化和评估C代码；第三阶段编写和评估线性汇编。

优化过程要结合DSP的特点，如增强直接存储器访问(EDMA)技术是一种高效的数据传输手段，若在编码过程中需要频繁地处理大量待传输的数据，它能够在没有CPU干预的情况下独立完成与外设之间的数据传输。与DMA控制器相比，EDMA提供了16个增强通道，可以在可设置优先级的情况下实现数据传输的连接。同时，EDMA和CPU能够同时运行，这在很大程度上提升了DSP的处理速度。另外，Cache是一种存在于存储器和CPU之间的高速小型化的存储器设备，它能从存储器有效地读取程序和数据。为了满足视频编码器实时编码的要求，必须提高代码执行的性能，最大效率地使用Cache，可以减少数据的读取延时，从而提高编码器性能。DM642拥有两级高性能Cache结构，一级程序Cache和一级数据Cache，它们都有16KB的独立存储器，并且均可以被存入两级Cache中。两级Cache可以被设置为RAM或者RAM的一部分。因为一些SRAM通常用于存储数据(如宏块、参考帧、全局数组)，所以可以将Cache设为64KB。

经优化后，基于DM642的编码器能够满足视频实时编码的要求。

3. 基于专用硬件的视频编码器实现

在专用硬件平台上进行开发不具备软件开发的灵活性，由于要进行硬件电路的设计，整个编解码器芯片的设计、验证周期也比较长。但是因为可以采用专用的硬件结构，计算能力会得到很大的提高。早期的基于专用硬件的编码以专用集成电路(Application Specific Integrated Circuit，ASIC)形式提供，既有单芯片MPEG-2广播级实时编码设计方案，也有基于低功耗的MPEG-4移动视频编码方案。近些年来，随着超大规模集成电路片上系统(System on Chip，SoC)技术的不断发展，基于嵌入微处理器和专用硬件配合工作的编码器成为的一种重要的实现方式。基于专用硬件的设计一旦固定，增加或修改功能就会比较困难，但是专用硬件结构可以最大限度地提高视频编码器的计算能力，这是其他设计平台所无法比拟的。此外，芯片的功耗能够得到有效控制，而且量产后单片的成本会很低，适合在消费类产品中推广。

一般来说，不需要工程人员自行开发ASIC视频编码芯片，目前已有MPEG-2和H.264实时高清视频编码ASIC芯片，图2-4为富士通MB86H55芯片，支持60帧/s的H.264全高清编码。使用现成的专用芯片实现视频编码器的方法相对简单，只需搭建外围电路，保证输入输出接口以及控制信号的正确性即可。而且厂家配备相关文档资料、开发平台，开发计划和进程可以进行预期，且因为编码功能不需要工程人员开发，所以工程周期相对较短。

图 2-4　富士通 MB86H55 芯片

但是，对于不同的编码标准，专用芯片并不通用，比如 MB86H55 内置 H.264 编码核心，并不能实现 AVS 标准的编码要求。也有采用现场可编程门阵列(Field Programmable Gate Array，FPGA)实现编码，用户可以根据需求使用硬件描述语言实现视频编码功能，FPGA 同样具有并行处理的高速度和超大规模集成电路编码的高性能特点。FPGA 功能的设定是较为灵活的，相比 ASIC 来说工程人员有更大的自主性，但是由于 FPGA 跟 ASIC 同为流水线并行处理方式，故参考模型的移植工作量非常大，移植过程类似于 ASIC 芯片设计过程，周期非常长。

FPGA 的设计采用自顶向下的方法。自顶向下的设计是从系统级开始，把系统分成若干个基本功能单元，然后再把每个基本单元划分为下一级的基本单元，一直这样分下去，直到可以直接用 EDA 元件库中的基本单元实现为止。自顶向下的设计流程如图 2-5 所示，其核心是采用 HDL(Hardware Description Language)语言进行功能描述，由逻辑综合(logic synthesis)将较高层次的设计描述由软件自动地转化为较低层次的描述，将综合器产生的网表文件配置于指定的目标器件中，并产生最终的可下载文件，完成物理实现。在设计过程的每一个环节，仿真器的功能验证和门级仿真技术保证设计功能和时序的正确性。在芯片设计时，很重要的一项是要对芯片的可测性进行分析。对于研究型的设计，除了需要测试电路的总体性能外，还需要对内部各个模块电路性能进行测试，验证各个模块的工作是否正常。同时，若某个模块达不到预期性能，则应对其进行优化。因此，单有芯片总的输入和输出引脚是不够的，还需对电路中各关键模块的输入、输出结点进行仿真验证。

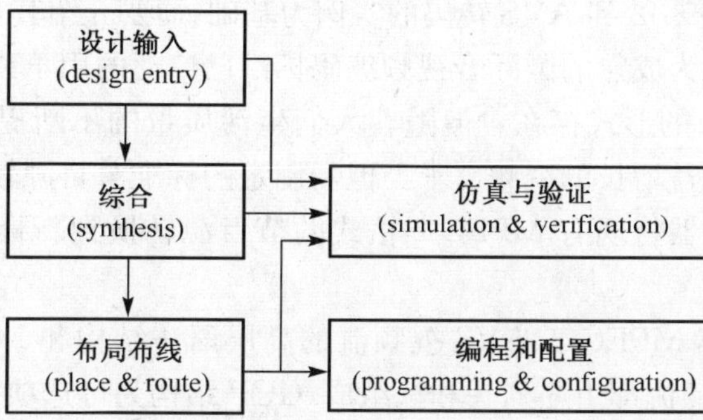

图 2-5　基于 FPGA 的 AVS 标准高清视频编码器

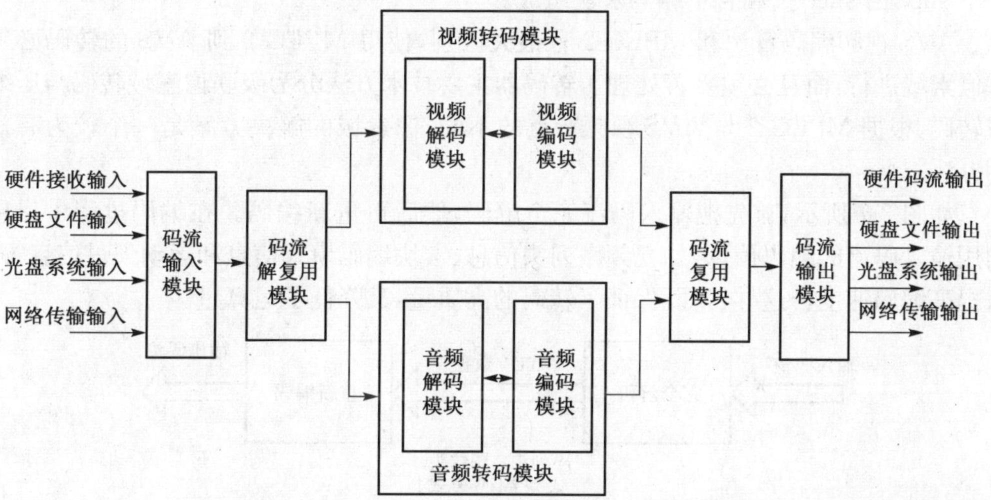

图 2-6　转码器的系统框图

4. 转码器的实现

数字视频转码技术就是对编码后的视频数据进行端到端的处理，使其从一种格式转变为另一种格式。所谓的格式包括编码标准、空间分辨率、帧速率、数据传输率等，其中任何一项特征发生改变都认为是发生了转码。实现转码功能的设备称为转码器，属于编码器的范畴。转码器的输入、输出都是压缩数据，如图 2-6 所示，转码器首先现将输入的码流解复用后，分别进行音视频的解码，然后进行新的编码过程，最后再复用出可以传输的码流。与传统的编码器不同，转码器中不仅包含编码过程还包括对视频的解码过程，如将视频全部解码后再进行编码，无论从图像的质量还是系统的计算复杂度而言都是无法忍受的，所以如何利用原有的码流与所需码流的公有信息进行选择性的编解码是实现转码的核心技术问题。

下面以一个 MPEG-2 到 AVS 转码的实例为基础，简要介绍其具体实现过程。

MPEG-2 作为较为成熟的国际音视频编码标准已广泛的用于许多领域，大部分的节目都是以 MPEG-2 的形式存在。但随着人们生活质量的不断提高，传统的编码技术已无法满足人们日益增长的视频需求。但新制定的标准节目源较少，阻碍了其推广应用，因此，通过转码器将现有 MPEG-2 格式的节目源转换到新标准格式，有很大的现实意义。

为了更好地兼容 MPEG-2，AVS 视频流的高层语法结构和 MPEG-2 是一样的。AVS 和 MPEG-2 视频流都由序列头和帧组成，GOP 结构为可选项。帧的编码方式有帧内预测编码、向前预测编码和双向预测编码。每一帧由图像头和若干 slice 构成。每个 slice 由 slice 头和若干编码宏块组成。

AVS 视频编码算法和 MPEG-2 有很大区别，使得 MPEG-2 到 AVS 的转码必须在像素域进行，而且必须妥善处理。转码器主要技术方法分为级联像素域转码与压缩域转码，根据 MPEG-2 与 AVS 视频特点的不同，像素域的解决方案是一个较为有效的办法。

如图 2-7 所示，首先把输入码流完全解码，然后再重新编码。在编码过程中尽量利用输入码流的编码信息，如视频序列头信息、宏块编码模式信息和运动矢量信息等，来提高编码速度。这样，就既保证了转码的高质量，又降低了运算量。

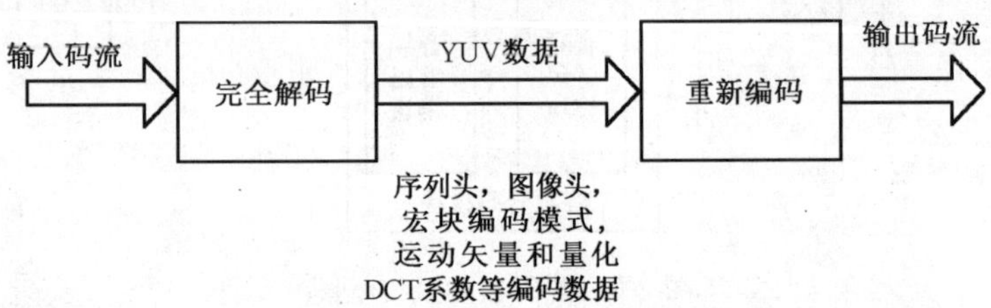

图 2-7　增强像素域转码

为了更好地兼顾视频速度与视频质量，在转码中需遵循以下原则：

(1)暂时不支持可伸缩编码，即对于包含可伸缩编码的 MPEG-2 视频流，不作速度上的要求。

(2)对于 4∶4∶4 格式的 MPEG-2 视频流，首先下采样为 4∶2∶0 格式，速度上仍然不作要求。

(3)保持视频流的高层语法结构，即序列头的位置不变，GOP 的位置和结构不变，帧的预测类型不变。预测类型是指帧内预测、向前预测和双向预测。也就是说，I 帧转码后仍然为 I 帧，P 帧转码后仍然为 P 帧，B 帧转码后仍然为 B 帧。采用这种方式除了计算量小以外，还避免了帧重排序延迟。

(4)尽量保持帧的扫描类型不变,即转码前按照帧编码的图像,转码后仍然按照帧编码,转码前按照场编码的图像,转码后仍然按照场编码。但是,由于AVS不允许把逐行帧拆成两场,因此对于逐行帧,不论转码前按照什么方式编码,转码后都只能按照帧编码。值得一提的是把逐行帧拆成两场的做法在MPEG-2中是很少见的。

(5)重新划分slice,默认为每一帧只划分为一个slice。

(6)I帧的每一个宏块都将采用AVS的帧内编码算法重新编码。在编码时参考输入码流中对应宏块的编码信息。

(7)对于逐行帧中采用场模式编码的宏块,统一改为按照帧模式编码。

(8)对于MPEG-2视频流中采用跳过(skip)模式编码的宏块,转码时直接按照跳过模式编码,不再进行宏块编码模式选择和运动补偿。

(9)对于MPEG-2视频流中运动矢量非零但非零DCT系数个数为0的宏块,转码时不再进行宏块编码模式选择和运动补偿,直接采用转码前的运动矢量。

(10)对于MPEG-2视频流中采用其他模式编码的宏块,包括P帧和B帧中采用帧内模式编码的宏块,转码时重新进行宏块编码模式选择和运动补偿。在搜索运动矢量时,以转码前的运动矢量为中心在一个较小的范围内进行。

2.4 编码器性能要求与测试

2.4.1 编码器性能要求

评价编码器的质量,需要从性能指标和功能要求两方面考虑。优良的指标能够保证设备的正常使用和稳定运行,是选择设备时的首要准则;而丰富的功能则可以方便用户操作,使设备具有更加广泛和灵活的应用。

1. 符合性要求

编码器的指标包括视频、音频和传输流(系统)三部分。2006年8月1日,国家广播电影电视总局颁布了《标准清晰度数字电视编码器、解码器技术要求和测量方法》(GY/T 212—2005)的行业技术标准,该标准从2006年10月1日起作为广播电视行业数字电视编码器、数字电视解码器入网测试的技术要求和测量方法。其中编码器视频码流应符合GB/T 17975.2—2000中规定的主型主级,帧频为25Hz,支持4∶3和16∶9幅型比;视频压缩码率支持2～15Mbit/s(4∶2∶0);亮度分辨率应支持720×576。音频码流应符合GB/T 17191.3—1997中规定的MPEG-1 Layer II,声音模式支持单声道、双声道、联合立体声和立体声，声音模式支持 GB/T 17975. 3—2002 多声道音频可选；取样频率应支持 48kHz；音频比特率应支持 128kbit/s、256kbit/s、384kbit/s。

传输流和传输流分组层的语法语义应符合 GB/T 17975. 1—2000 中 2. 4. 3 的规定。

table_id 的设定应符合 GB/T 17975. 1—2000 中表 2-26 的规定。

stream_id 的设定应符合 GB/T 17975. 1—2000 中表 2-18 的规定。

PAT 的语法结构应符合 GB/T 17975. 1—2000 中 2. 4. 4. 3 的规定。

PMT 的语法结构应符合 GB/T 17975.1—2000 中 2. 4. 4. 8 的规定。

空包的编码应符合 GB/T 17975. 2—2000 的有关规定，包识别(PID)的值为 0x1FFF。

详细内容请参考相关文献。

2. 功能和物理接口要求

(1)传输流的输出格式支持 188 包长；

(2)具有数字视频 SDI 输入接口，接口类型为 BNC，75Ω；

(3)具有数字音频输入接口，接口类型为 AES/EBU 或 SDI 嵌入音频；数字音频的满度电平值 0dB FS 对应的模拟信号电压电平为＋24dBu；

(4)具有模拟复合视频输入接口，接口类型为 BNC，75Ω；

(5)具有模拟音频输入接口，接口类型为平衡输入，600Ω 或高阻；

(6)具有传输流 ASI 输出接口，SPI 输出接口为可选项。

编码器 ASI 输出接口技术要求，应符合 GY/T 170—2001 的有关规定，如表 2-1 所示。

表 2-1 编码器 ASI 输出接口技术要求

序号	项 目	技术指标
1	输出幅度/mV	800±80
2	上升时间(20%～80%)/ps	≤1200
3	下降时间(20%～80%)/ps	≤1200
4	确定性抖动/%	≤10

3. 视音频技术指标

视音频技术指标要求如表 2-2 所示。

表 2-2 视音频技术指标要求

序号	项 目		技术指标
1	视频白条幅度/mV		700±20
2	视频同步幅度/mV		300±9
3	视频幅频特性/dB	0～4.8MHz	−0.5～0.5
		5.5MHz	−4～0.5
4	信噪比(加权)/dB		≥58
5	斜场信噪比(不加权)/dB		≥50
6	*K* 因子/%		≤3
7	色度/亮度增益差/%		≤3
8	解码视频输出带外抑制/dB		≤−40
9	音频总谐波失真/%		≤0.5
10	音频幅频响应/dB	60Hz～18kHz	−0.5～0.5
11	音频信噪比(不加权)/dB		≥70
12	音频左右声道电平差/dB		≤0.5
13	音频左右声道相位差/(°)		≤3
14	音频左右声道隔离度/dB		≥70

表 2-2 中主要指标项目说明：

1)视频信号幅度

标准的视频信号幅度为 1V(峰峰值)，由白条幅度(视频电平)和同步脉冲幅度 2 个指标组成。如图 2-8 所示。

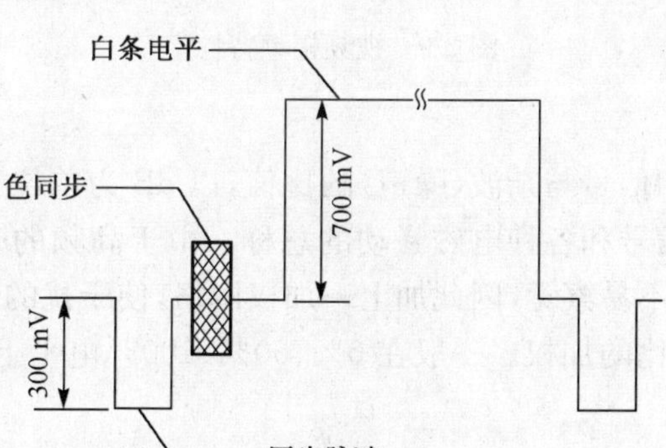

图 2-8 视频信号幅度

视频信号幅度不达标会影响图像的正常观看。同步幅度超出指标值会引起图像扭曲，甚至图像显示不稳定无法观看；白条幅度超出指标值会造成图像过亮或过暗。

2）幅频特性

从场频（低频）至系统标称截止频率（高频）的频带范围内，通道输入与输出之间相对于基准点频率的增益变化，以 dB 为单位。测试信号采用多波群信号（multiburst），它由多波群旗信号（multiburst flag）和 6 组测试正弦波组成，频率分别为 0.5MHz，1.0MHz，2.0MHz，4.0MHz，4.8MHz，5.8MHz。

$$幅频指标 = 20\lg \frac{V_n}{V_r} \quad (\mathrm{dB})$$

式中，V_n 采用测试信号时的增益，V_r 基准点频率时增益。测试中经常采用 $\sin x/x$ 信号测量幅频特性，$\sin x/x$ 信号在频域上具有频谱连续、强度相等的特点，它可以连续地测量通道的幅频特性，如图 2-9 所示。幅频特性影响图像清晰度，如果高频部分衰减大，则图像细节变淡、边缘轮廓不清。

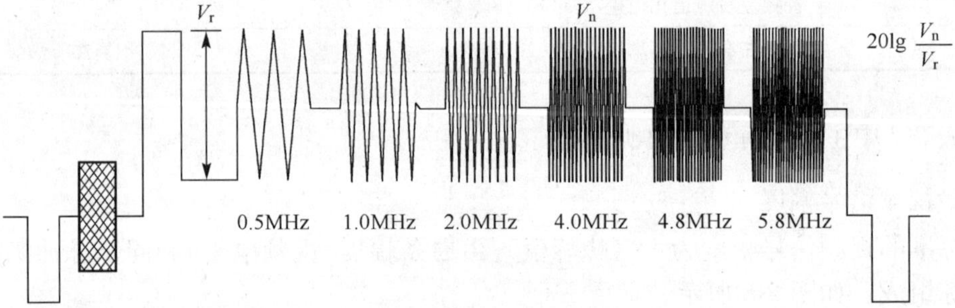

图 2-9　视频幅频特性

3）信噪比

信噪比是测量有用信号与杂波（噪声）的比值，以 dB 为单位。这里的杂波是除有用信号以外任何无用信号和各种电磁骚动的总称。由于高频的杂波干扰在图像上表现为细小的微粒，人眼不易察觉，因此加上一加权网络，使干扰的情况符合人眼观看的实际状况，这就是信噪比的加权。一般在 0%、50%、100%电平上测量噪声电平，取最大值作为指标。

图 2-10 所示为测量用 50%平场信号。

信噪比指标超标，会造成图像上出现雪花、横纹、斜纹等，影响图像的正常观看。

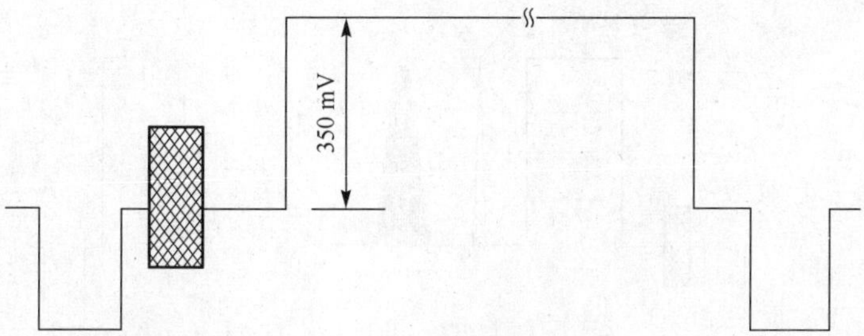

图 2-10 50%平场信号

4)K因子(或称K系数)

K系数指标是评价电视信号质量优劣的重要指标之一，在把各种波形失真按人眼视觉特性给予不同评价的基础上来度量图像损伤，这里的失真是短时间波形失真。

为了能较好地反映出通道的高频传输特性，目前广泛采用"$2T$正弦平方波与条脉冲"来进行测量。$2T$脉冲的波形如图 2-11 所示，它非常近似于以$E(t)=\sin^2\left[\left(\frac{\pi}{2}\right)\frac{t}{l}\right]$定义的脉冲波形。式中$l$为脉冲半幅值点之间的宽度，其频宽正好是电视信号所规定的频带宽度，即它可由频率为 0～6MHz 连续分布的许多正弦波叠加而成。若被测系统带宽不够时，则会引起脉冲幅度下降，产生振铃振荡，没有相位失真时，振荡对称；有相位失真时，振荡不对称。如图 2-11 所示。

K系数表示为

$$K\text{系数}=\frac{a}{2P}\times 100\%$$

式中，a和P的含义如图 2-11 所示。K系数反映在图像上为小面积部分、细节、边缘、轮廓等的失真，往往会在图像上造成重影、镶边等现象，影响质量。一般来讲，在$K=5\%$时所对应的图像质量下降人眼即可觉察。

5)色度/亮度增益差

把一个具有规定的亮度和色度分量幅度的测试信号通过被测通道，输出端信号中亮度分量和色度分量幅度比的改变称为色度/亮度增益差。

色度/亮度增益差影响图像的饱和度失真，例如，增益差为负，图像色彩暗淡、人物神色不佳；增益差为正，颜色过浓、轮廓不分明，类似儿童填色画，缺乏真实感。

6)谐波失真

这种失真是由电路中的非线性元件引起的，信号通过这些元件后，产生了新的频率分量(谐波)，这些新的频率分量对原信号形成干扰，这种失真的特点是输入信号的波形与输出信号波形形状不一致，即波形发生了畸变。

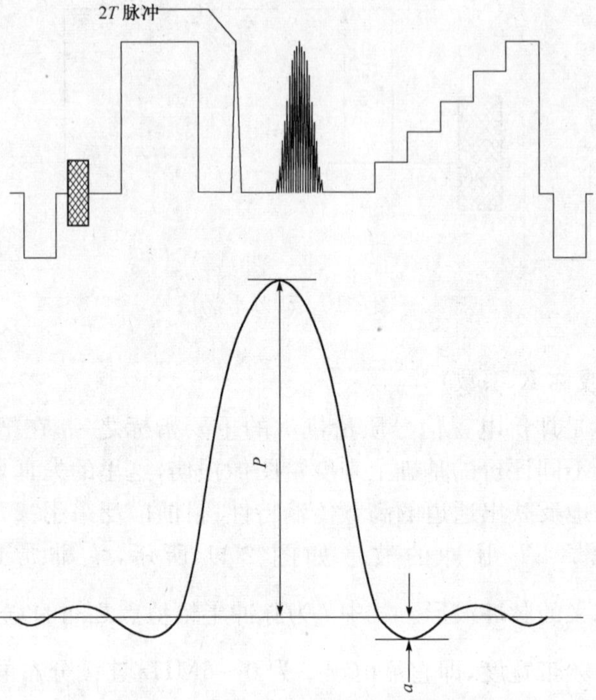

图 2-11　2T 脉冲及通过被测通道后的波形

通常总谐波失真(THD)定义为

$$\mathrm{THD}=\frac{\sqrt{U_2^2+U_3^2+\cdots+U_n^2}}{U_1}\times 100\%$$

其中,U_1 为基频幅度,U_2 为 2 次谐波幅度,U_3 为 3 次谐波幅度,U_n 为 n 次谐波幅度(<20kHz)。

4. 其他视频技术指标

表 2-3 是在 GY/T 212—2005 规范中没有要求,但对视频质量非常关键的几个指标。

表 2-3　其他视频技术指标

序号	项　目	技术指标
1	微分增益/%	±3
2	微分相位/(°)	±3
3	色度/亮度时延差/%	±20

1)微分增益(DG)

微分增益描述由图像亮度信号幅度变化引起的色度信号幅度(色饱和度)失真。

如图 2-12 所示 5 级带色度调制的阶梯信号通过被测通道后,计算各阶梯上色度幅度值之间的最大差值。

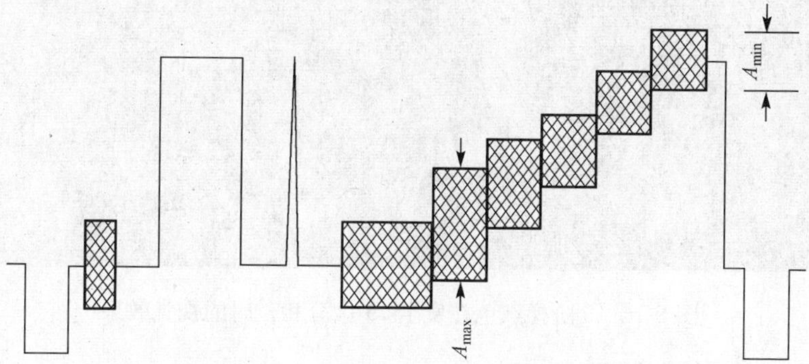

图 2-12 5 级带色度调制的阶梯信号

$$DG=\frac{A_{max}-A_{min}}{A_{max}}\times 100\%$$

微分增益造成不同亮度背景下色饱和度失真,影响彩色效果。例如,穿鲜红衣服从暗处走向亮处,鲜红衣服会变浓或变淡。图 2-13(见插页)显示了 5 阶梯红色在发生 20%微分增益时的视觉效果。

图 2-13 5 阶梯红色在发生 20%微分增益时的视觉效果

2)微分相位(DP)

微分相位描述由图像亮度信号幅度变化引起的色度信号相位失真。如图 2-12 所示 5 级带色度调制的阶梯信号通过被测通道后,计算各阶梯上的色度副载波的相位角和消隐电平上副载波信号的相位角之差,超前为正。

微分相位造成在不同亮度背景下，色调产生失真，影响彩色效果。例如，鲜红衣服从暗处走到明处，鲜红衣服就偏黄或偏紫。图 2-14(见插页)显示了 5 阶梯红色在发生 19°微分相位时的视觉效果。

图 2-14　5 阶梯红色在发生 19°微分相位时的视觉效果

3)色度/亮度时延差

该参数指的是视频信号色度分量通过系统的时间与相应的亮度分量通过系统的时间差值，色度分量时延大于亮度分量时延为正。

通常可以用具有 3.58MHz(PAL 制式时使用 4.43MHz)调制的 12.5T 正弦-方波脉冲测试该项指标。通过分析信号的基线测量延时误差，如果基线是直线，则没有延时误差；如果色度超前或滞后亮度，基线将产生波动，同时，从基线的波动中还可以看出色度与亮度的先后关系如图 2-15 所示。当向上的波动出现在波形的左侧时，表明色度落后，延时误差取正值，反之，表明色度超前，延时误差取负值。

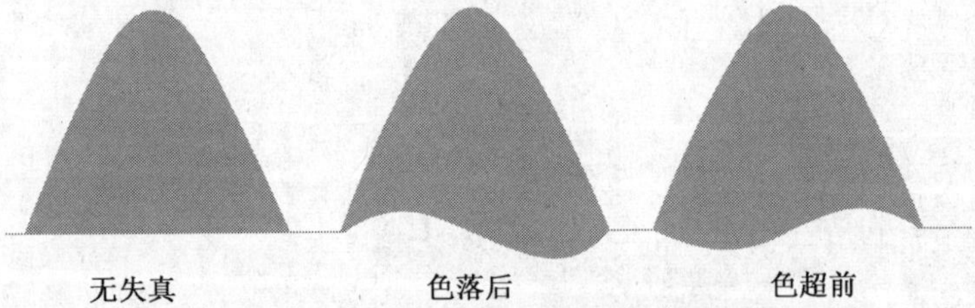

图 2-15　时延差对填充波的影响

较大的色度/亮度延迟偏差对视频系统的视觉影响。这一时间差或延迟偏差，会在图像中物体的边缘产生“污渍”，使图像变得模糊。图 2-16(见插页)显示有无色度/亮度延迟偏差时视觉效果对比，延时 300ns 的图像看起来不够清晰，而且在长条块和字母的边缘有“污渍”

(a) 没有色度/亮度时延差的图像　　(b) 色度/亮度延时300ns的图像

图 2-16　色度/亮度时延差的影响

5. 传输流指标

传输流技术指标分别如表 2-4 和表 2-5 所示。

表 2-4　PCR、表重复间隔、PTS 间隔技术要求

序号	项　目	技术指标
1	PCR 抖动/ns	±500
2	PAT 重复间隔/ms	≤500
3	PMT 重复间隔/ms	≤500
4	PTS 重复间隔/ms	≤700
5	PCR 重复间隔/ms	≤40

表 2-5　TS 码流的连续和周期监测的技术要求

序号	项　目	技术指标
1	缓冲器错误(次/15min)	0
2	未定义 PID 错误(次/15min)	0
3	空缓冲器错误(次/15min)	0
4	数据延时错误(次/15min)	0

6. 图像质量主观评价指标

图像质量主观评价指标应符合 GY/T 134—1998 中 5.1 规定的 DSCQS 方法。在视频压缩码率设置为 5Mbit/s 的情况下，经编解码处理后的单个图像质量比基准图像质量下降不超过 20 分，平均图像质量比基准图像质量下降不超过 12.5 分。

7. 编码器产品功能

编码器作为产品，其丰富的功能可以方便用户操作，同时使设备具有更加广泛和灵活的应用。下面列出编码器产品应该具有的一些基本功能。

(1)系统码率：1～15Mbit/s 可调；

(2)TS 包长：188 和 204 可设；

(3)PID 设置：可以设置 PCR、视频、音频、PMT、SDT、NIT 等 PID；

(4)视频制式：PAL/NTSC 自适应；

(5)视频码率：0～50Mbit/s 连续可调；

(6)码率控制：CBR/VBR 可选

(7)GOP 结构：III、IP、IPB、IPBB 等结构可选；

(8)音频码率：最大应支持到 384kbit/s；

(9)音频模式：支持单声道、双声道、立体声、联合立体声等模式；

(10)音频采样率：支持 48kHz、44.1kHz、32kHz 等采样频率；

(11)状态检测：可以提供系统状态和运行的诊断信息；

(12)网络控制和升级：可以支持网络远程控制和集中管理，可以通过网络升级。

2.4.2 编码器测试方法

本节编码器介绍测试要求及方法，依照《标准清晰度数字电视编码器、解码器技术要求和测量方法》(GY/T 212—2005)的行业技术标准编写。

1. 测量环境和条件

1)测量环境

环境温度：5～40℃。

相对湿度：10%～90%。

大气压强：86～106kPa。

2)测量技术条件

电源：220V±22V、50Hz±2Hz。

除特殊规定的专用编码器外，在测量过程中，TS 输出码率(188 包长)设置为 6Mbit/s；视频压缩码率设置为 5Mbit/s，音频压缩码率设置为立体声 256kbit/s，取样频率 48kHz。对于专用于广播电视干线网络或有线数字电视编解码器，测量技术条件可以不对 TS 输出码流码率进行规定。

3)测量用参考解码器要求

编码器的视音频技术指标通过参考解码器进行测量,参考解码器要求如下。

(1)ASI 接口幅度误差:≤10mV。

(2)SDI 接口幅度误差:≤10mV。

(3)幅频特性:≤0.1dB(视频带宽 6MHz)。

(4)色度/亮度增益差:≤0.1%。

(5)信噪比(不加权):≥75dB(视频带宽 6MHz)。

(6)音频总谐波失真:≤0.05%。

(7)音频幅频响应:≤0.1dB(音频带宽 20kHz)。

(8)音频信噪比:≥85dB。

2. 测量框图

测试时一般需要编、解码器成对使用。一个常见的测试方案如图 2-17 所示,在编码器的输入端接入视音频信号发生器,用以输入标准的测试波形;编码器的码流同时输出到解码器、码流分析仪及示波器,码流分析仪可以对传输流的指标进行测试;解码器的视频和音频输出到测试仪器,可以对视频和音频的指标进行测试。

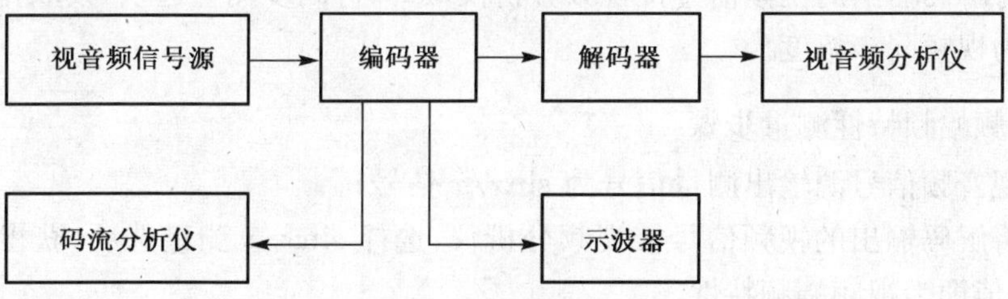

图 2-17 编码器测量框图

3. 符合性的测量

将编码器输出 ASI 连接到码流分析仪,检查编码器是否符合 2.4.1 节第 1 部分和第 5 部分的要求。

4. ASI 输出接口技术指标的测量

1)输出幅度测量步骤

将编码器 ASI 输出接口连接到示波器,读取眼图幅度的峰峰值,即为输出幅度。

2)上升/下降时间测量步骤

将编码器 ASI 输出接口连接到示波器,读取眼图开始上升(下降)点到结束上升(下降)点的 20%～80%所经历的时间,即为上升/下降时间。

3)确定性抖动测量步骤

将编码器 ASI 输出接口连接到示波器,读取眼图上升沿或下降沿在时间轴的宽度与眼图周期之比值,即为确定性抖动。

5.视音频技术指标的测量

1)视频白条幅度测量步骤

(1)视音频信号源输出测量信号为条脉冲信号;

(2)将解码输出的视频信号接视频分析仪,选择条脉冲幅度测量选项,读取条脉冲信号的电平值,即为视频白条幅度。

2)视频同步幅度测量步骤

(1)视音频信号源输出测量信号为视频信号;

(2)将解码输出的视频信号接视频分析仪,选择行同步测量选项,读取行同步的电平值,即为视频同步幅度。

3)视频幅频特性测量步骤

(1)视音频信号源输出测量信号为 $\sin x/x$ 信号;

(2)将解码输出的视频信号接视频分析仪,选择 $\sin x/x$ 测量选项,获得幅频特性曲线并取值即为视频幅频特性。

4)信噪比(加权)测量步骤

(1)视音频信号源输出测量信号为平均图像电平 50%平场信号;

(2)将解码输出的视频信号接视频分析仪,选择信噪比测量选项,加 10kHz 高通滤波器和标称视频带宽低通滤波器,并通过 4.43MHz 陷波器和统一加权网络后,读取平场信噪比的加权值。

5)斜场信噪比(不加权)测量步骤

(1)视音频信号源输出测量信号为 100%斜场信号;

(2)将解码输出的视频信号接视频分析仪,选择信噪比测量选项,加 10kHz 高通滤波器和标称视频带宽低通滤波器,并通过 4.43MHz 陷波器和去倾斜后,读取斜场信噪比的不加权值。

6)K 系数测量步骤

(1)视音频信号源输出测量信号为 $2T$ 正弦平方脉冲信号；

(2)将解码输出的视频信号接视频分析仪，选择 K 系数测量选项，读取 K 系数的测量值。

7)色度/亮度增益差测量步骤

(1)视音频信号源输出测量信号为副载波填充的 $10T$ 信号；

(2)将解码输出的视频信号接视频分析仪，选择色/亮增益测量选项，读取 ΔK 的测量结果即为色度/亮度增益差。

8)解码视频输出带外抑制测量步骤

(1)视音频信号源输出测量信号为 75%的彩条信号；

(2)将解码输出的视频信号接频谱分析仪，测量解码器视频带外干扰输出，读取视频带外最大干扰信号与色度副载波之差即为视频输出带外抑制。

9)音频总谐波失真测量步骤

(1)视音频信号源输出测量信号为幅度＋9dBu 的扫频音频信号；

(2)将音频测量信号送到编码器输入端，用音频分析仪在解码器音频输出端测量对应的输出音频信号总谐波失真(20Hz～10kHz)。

10)音频幅频响应测量步骤

(1)视音频信号源输出测量信号为幅度＋9dBu 的扫频音频信号；

(2)将音频测量信号送到编码器输入端，用音频分析仪在解码器音频输出端测量对应的输出音频信号电平；

(3)以 1kHz 为参考点，计算出其他频点的相对电平，规定频带内的最大与最小相对电平值即为音频幅频响应。

11)音频信噪比(不加权)测量步骤

(1)视音频信号源输出测量信号为幅度＋9dBu 的 1kHz 音频信号；

(2)将音频测量信号送到编码器输入端，用音频分析仪在解码器音频输出端测量对应的 1kHz 音频信号输出电平 V_s；

(3)关断音频信号源的 1kHz 音频信号输出，用音频分析仪测量系统的噪声信号输出电平 V_n；

(4)音频信噪比(不加权)表示为

$$S/N = 20\lg(V_s/V_n) \qquad \text{(dB)}$$

12)音频左右声道电平差测量步骤

(1)视音频信号源输出测量信号为同频、同相、同电平的 60Hz～18kHz 左右声道扫频信号；

(2)将音频测量信号送到编码器输入端，用音频分析仪在解码器音频输出端测量对应各个频点的左右声道音频输出信号电平，计算出各频点左右两声道电平差值，取其最大值即为音频左右声道电平差。

13)音频左右声道相位差测量步骤

(1)视音频信号源输出测量信号为同频、同相、同电平的 60Hz～18kHz 左右声道扫频信号；

(2)将音频测量信号送到编码器输入端，用音频分析仪在解码器音频输出端测量对应各个频点的左右声道音频输出信号的相位之差，取其最大值即为音频左右声道相位差。

14)音频左右声道隔离度测量步骤

(1)视音频信号源输出测量信号为幅度＋9dBu 的左声道(或右声道)扫频信号；

(2)将音频测量信号送到编码器输入端，用音频分析仪在解码器音频输出端测量对应的右声道(或左声道)音频信号输出电平。右声道(或左声道)与左声道(或右声道)的电平之差即为左右(或右左)声道隔离度。

6. 主观测量方法

主观评价的要求、方法及评价标度参照《数字电视图像质量主观评价方法》(GY/T 134—1998)执行。同时可以按图 2-18 所示方案对编码器进行主观画质对比。

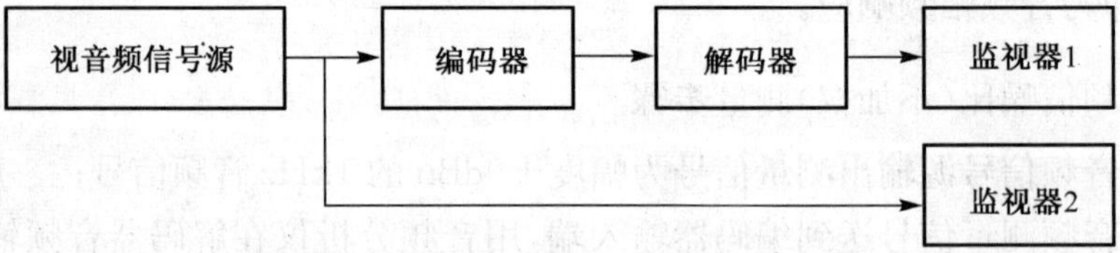

图 2-18　主观画质对比方案

第3章　复　用　器

广播电视数字化后，一个 8MHz 的电视频道可以传送多套电视节目，同时支持各种多媒体业务。复用器就是将多路电视节目、多媒体数据等复接成一个标准的传输流(Transport Stream，TS)，在一个电视频道内传输，新一代复用器已经成为一个综合数字码流处理平台。本章从节目复用的基础开始，介绍复用器的功能与实现、性能指标和测量方法。

3.1　复用基础

数字电视节目的复用包括两个阶段，对音/视频基本流的节目复用和对传输流(TS)的系统复用。节目复用将基本流(音/视频基本流、PSI 及其他辅助信息)复用成单节目 TS 流；系统复用，将多个单节目(或者多节目)TS 流合成一个 TS 流。数字电视系统复用是数字电视系统的关键技术之一，主要完成对编码器输出的 TS 流的再复用，形成多节目传输流(MPTS)，用于数字电视节目的传输。主要起到以下作用：

(1)在一路常规的电视信道中传送多路数字化节目，提高信道的利用率，降低节目传输成本；

(2)数字电视系统采用固定长度的传送包结构，复用器可以灵活地对具有相同或不同时基的多路节目进行复用，同时可实现节目间的动态带宽分配等功能；

(3)数字电视系统除了提供常规的电视业务外，还能提供其他的增值业务，其中的关键就是由复用系统来实现。

3.1.1　MPEG-2 标准的系统结构

ISO/IEC 13818-1 标准中，MPEG-2 定义了传输流(TS)和节目流(PS)两种复用信息，目前 TS 已经成为数字电视领域中普遍应用的系统层编码标准。本节从 MPEG-2 标准的系统结构入手，介绍传输流与复用知识。

1. 系统结构

MPEG-2 系统框图如图 3-1 所示。

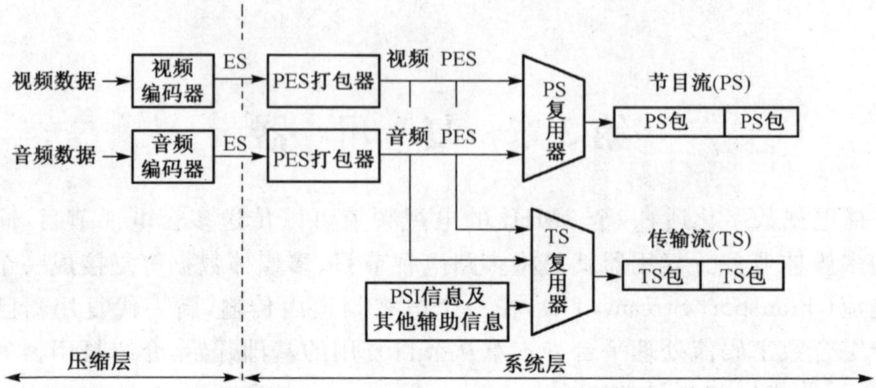

图 3-1　MPEG 系统框图

MPEG-2 的结构分为压缩层和系统层。压缩层对经过数字化处理后的音视频数据进行压缩编码，输出音视频基本码流（Elementary Stream，ES），系统层将基本码流分别经过 PES（Packetized Elementary Stream）打包器打包为可变长度的基本流 PES 包，打包的基本码流再经过复用打包为程序流（Program Stream，PS）或者插入节目专用信息 PSI 或辅助数据，打包为长度为 188 字节的传输流。

2. *系统层*

MPEG-2 系统层主要用于将编码后的视音频数据组合成一个码流，系统层具有以下 5 个功能：

(1)实现多个压缩码流在解码时同步；

(2)将多个压缩码流组合成一个流；

(3)在解码开始时初始化缓冲区；

(4)解码过程中管理缓冲区；

(5)时间识别。

系统层将 PES 包及包含其他必要信息的数据包构建成 TS 流或 PS 流，两种码流都支持一个节目中具有共同时间基的视频和音频压缩流的复用，同时 TS 流还支持来自多个节目、具有不同独立时间基的视音频压缩流的复用。无论 TS 流还是 PS 流数据结构均包含两层：最外层的系统层和最里层的压缩编码层，但 PS 流和 TS 流分别适用于不同的应用。PS 流基本单位是 PS 包，长度可变而且相对较长，主要用于错误相对较少的环境下传输和存储，因为包长越长，同步越困难，且在丢包的情况下，重组也越困难，PS 主要应用于如 DVD 及本地节目信息的编辑等；TS 流基本单位是 TS 包，长度固定为 188 字节，主要针对相对容易发生错误的环境而设计，如在容易丢失或高噪声的媒体中存储和数字电视广播等。国际标准中定义的TS流和PS流提供了必要和充分编码语法,保证同步译码和显示音频、视频信息,同时确保译码缓冲区既不上溢也不下溢。

3. 缓冲与同步

通常的视频压缩算法都采用了可变长编码,编码生成的视频码流是可变码率的。为了能够在实际的固定码率信道或者可变码率信道上传输,需要引入缓冲区缓存视频码流数据。因此,视频编码算法必须提供一个有效的缓冲区管理策略,确保缓冲区不会发生上溢和下溢。编码器通过码率控制算法,调整生成的视频码流满足既定的缓冲区管理策略;同时在码率控制算法中使用自适应量化方法,确保压缩视频的质量。

缓冲区管理策略建立在一个假想的解码器模型上,该解码器模型直接和编码器的输出相连,缓冲区管理策略通过控制编码视频数据流移入和移出解码器缓冲区的时间以保证解码器模型的数据缓冲区不上溢也不下溢。在MPEG标准中,该解码器模型称为VBV(Video Buffer Verifier)。VBV在ES层中定义。

MPEG-2用于视音频同步以及系统时钟恢复的时间标签分别在ES、PES和TS(或PS)这3个层次中。在ES层,与同步有关的主要是视频缓冲验证(VBV),用以防止解码器的缓冲器出现上溢或者下溢;在PES层,主要是在PES头信息里出现的显示时间戳(Presentation Time Stamp,PTS)和解码时间戳(Decoding Time Stamp,DTS);在TS层中,TS头信息包含了节目时钟参考(Program Clock Reference,PCR),用于恢复出与编码端一致的系统时序时钟(System Time Clock,STC)。PCR从同一个节目中用于音频和视频PTS值的时间基准获得,因为每个节目都可能有自己的时间基准,因此包含多个节目的TS流有为每个节目分开的PCR字段,某些情况下也可能多个节目共享PCR字段,但一个节目有一个且仅有一个与之对应的PCR时间基准。

在MPEG-2编码器中有单一的共同系统时钟,此时钟用来产生指示音频和视频的正确显示和解码时序的时间戳标签,同时可用来指示在抽样瞬间系统时钟时间的瞬时值。编码器中共同系统时钟的出现,以及解码器中时钟的重新生成和时间标签的正确使用,为解码器操作的正确同步提供了基准。

MPEG-2规定的系统时钟频率为27MHz,传输流中的PCR、PTS/DTS等均为对该共同系统时钟的采样值。解码端捕获PCR,恢复出本地的STC,作为音视频同步控制的基准,并依据PTS(DTS)时间标签来安排解码和显示时间表,使音视频分别同步于STC,以实现音视频之间的同步。标准规定在原始音频和视频流中,PTS的间隔不能超过0.7s,而出现在TS包的PCR间隔不能超过0.1s。

3.1.2　TS 流语法

前面简单介绍了 MPEG-2 系统结构。图 3-2 详细描述了 MPEG-2 系统如何将最原始的数字音视频信号经过一系列的处理，最终形成数字电视广播系统中使用的 TS 流的过程。

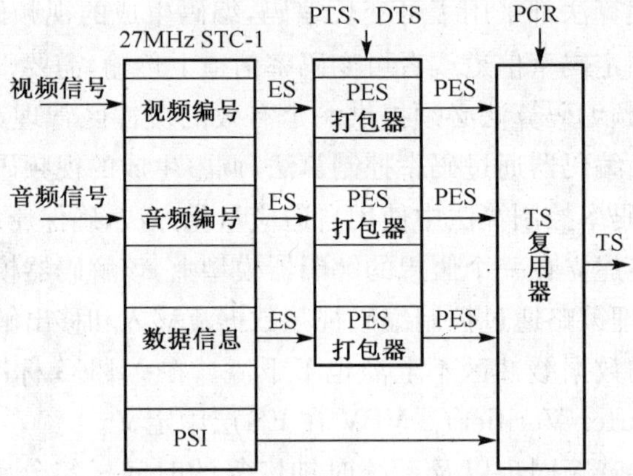

图 3-2　DVB 系统中 TS 流处理过程

TS 流是 ISO/IEC 13818 协议定义的一种数据流，其目的是为了在有可能发生严重错误的环境下进行一道或多道程序编码数据的传送和存储，这种错误表现为比特错误或分组丢失。TS 流由一个或多个 PES 组合而成，是对 PES 包的一个重新封装，它们可以具有相同的时间基准，也可以不同。先对具有相同时间基准的多个 PES 进行节目复用，然后再对相互有独立时间基准的各个 PES 进行传输复用，最终产生出 TS。TS 流由多种数据组合而成，一个 TS 包中的数据可以是视频数据、音频数据、填充数据、PSI/SI 表格数据等。

1. TS 包结构

TS 包由包头、有效载荷区两部分组成，有些包中还包括自适应区，结构如图 3-3 所示。包头长度占 4 个字节，自适应区和包数据共占 184 个字节。这 184 字节为有用信息空间，用于传送已编码的视音频及数据流。当 PCR 存在时，还包括可变长度的自适应区。考虑到加密是按照 8 字节长度加扰，代表有用信息的自适应区和包数据的长度应该是 8 字节的整数倍，即自适应区和包数据为 23×8＝184 字节。

1)包头

TS 包的包头由图 3-3 所示的同步字节、传输误码指示符、有效载荷单元起始指示

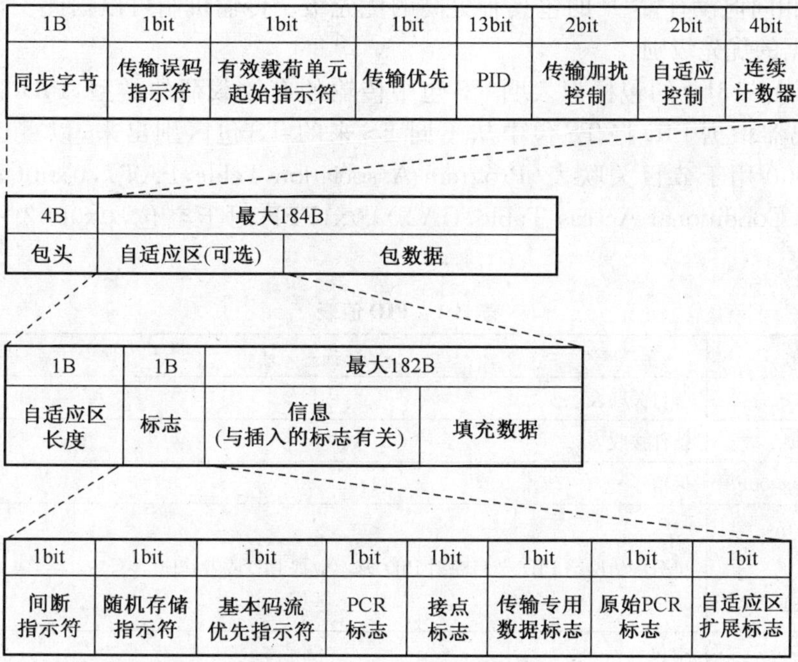

*PID：Packet Identifier包识别

*PCR：Program Clock Reference节目时钟参考

图 3-3 传输流结构

符、传输优先、包识别(Packet Identifier，PID)、传输加扰控制、自适应区控制和连续计数器 8 个部分组成。

(1)同步字节。同步字节为固定的 8bit，其值为 0100 0111(0x47)。同步字节应避免与其他经常出现的字段值相似，如 PID 等。

(2)传输错误指示符。传送错误标志位，置“1”表明在相关的传输流包中至少有 1 位不可纠正的错误。该位可以由传输层外部的实体置为“1”，一旦被置为“1”，就不能复位为“0”，除非错误已经更正。

(3)有效负载起始指示符。1bit 标志位，在 TS 包传送 PES 包或者 PSI 数据时意义不同。当 TS 包传送 PES 包数据时，该位置“1”表示 TS 包有效载荷由一个 PES 包的第一个字节开始，“0”表示该 TS 包不包含 PES 包的起始数据。当 TS 包有效载荷包含 PSI 数据时，如果传送 PSI 数据的第一个字节，该位置“1”，表示 TS 包有效载荷的第一个字节传送指针段(pointer_field)；如果 TS 包不包含 PSI 数据的第一个字节，该位置“0”，表示该 TS 包有效载荷中没有指针段。传送空包该位置“0”。

(4)传输优先。1bit 传输优先字段，给 TS 包分配优先权，置“1”表示相关的包比其他 PID 相同但没有置“1”的包具有更高的优先级。传输机制可以据此安排一个基本流中数据的优先级别。

(5)PID。13bit 的包标识表明 TS 包中传输的有效载荷的类型，PID 值由用户确定，解码器根据 PID 将 TS 包中从不同 ES 来的 TS 包区别出来，以重建原来的 ES。0x0000 用于节目关联表(Program Association Table，PAT)，0x0001 用于条件接收表(Conditional Access Table，CAT)，0x1FFF 用于空包，0x0002～0x000F 保留，见表 3-1。

表 3-1　PID 值表

PID 值	描　述
0x0000	节目关联表
0x0001	条件接收表
0x0002～0x000F	保留
0x00010 ⋮ 0x1FFE	可分配给网络 PID、节目映射 PID、基本数据 PID 或者其他
0x1FFF	空包

(6)传输加扰控制。2bit 传送加密控制，指示传输流分组有效负载的加密模式，“00”表示未加密，“01”“10”“11”表示用户定义。包头和自适应区不加扰。

(7)自适应控制。2 bit 字段，表明 TS 包头后是否是自适应区和/或有效载荷，其意义如表 3-2 所示，传送空包时应置为“01”。

表 3-2　自适应控制值

值	描　述
00	保留
01	无自适应区、仅有效载荷
10	仅有自适应区、无有效载荷
11	自适应区后跟随有效载荷

(8)连续计数器。4bit 长字段，随每一个具有相同 PID 的 TS 流包而加 1 计数，当它达到最大值后又返回到 0，接收端可据此判断是否有包丢失及包传送顺序错误。当 TS 包自适应控制字段为“00”或者“10”时，不计数。

显然，包头对 TS 包具有同步、识别、检错及加密功能。

2)自适应区

TS 包自适应区由自适应区长、各种标志指示符、与插入标志有关的信息和填充数据4部分组成。其中标志部分由间断指示符、随机存取指示符、ES优化指示符、PCR标志、接点标志、传输专用数据标志、原始PCR标志、自适应区扩展标志8个部分组成。

(1)自适应区长度。8bit字段，说明紧随其后的自适应区的字节数，值为0时代表在TS包中插入单个填充字节。当自适应控制字段值为“11”时，其值为0～182；当自适应控制字段值为“10”时，其值为183。

(2)间断指示符。1bit字段，置“1”表示当前TS包间断状态为真，置“0”或者不出现，代表间断状态为假。间断指示符用于指示两种类型的间断状态：系统时间基准间断和连续计数间断。TS包传送PCR内容时，其中的间断指示符用于标明系统时间基准的间断状态，间断状态为真，相同PID值的TS流包中的下一个PCR代表相关节目的新的系统时钟；任何TS包中的间断指示符可用于标明连续计数器的间断状态，不包含PCR值的TS包间断状态为真，该包中的连续计数器相对前一个PID相同的TS包可能是间断的。包含基本流数据的TS包中连续计数器间断后，TS包中基本流数据的第一个字节应该是基本流存取点①的第一个字节。当间断状态为真发生时，如果出现相同PID的两个连续的TS包，其中连续计数器值相同、自适应控制字段值为“01”或“11”，第二个包应该丢弃。

(3)随机存取指示符。1bit字段，表明当前和后续PID相同的TS包包含协助在此处随机存取的一些信息。当此位置“1”，TS包有效载荷中当前PID的下一个PES包以视频序列头部的第一个字节或者音频帧的第一个字节开始。

(4)基本码流优先指示。1bit字段，表明本TS包传送的有效载荷中的基本流数据的优先级别。置“1”表示比其他TS包中具有相同PID的有效载荷拥有更高的优先级；“0”表示与其他TS包优先级相同。传送视频数据时，仅当有效载荷包含I帧数据时置“1”。

(5)PCR标志。1bit标志位，“1”表示自适应区包含PCR字段，“0”表示不含任何PCR字段。

(6)原始PCR标志。1bit标志位，“1”表示自适应区包含原始PCR字段，“0”表示不含任何原始PCR字段。原始PCR协助从一个TS中重构一个单节目TS流。当重构单节目TS流时，原始PCR可以复制到PCR字段，仅当单节目TS流作为一个整体重构时复制的PCR值才会有效，其中至少包括单节目TS流中的所有PSI和专用数据包，且原始PCR必须与相关的单节目TS流中PCR完全一样。

---

① 基本流数据存取点定义。
视频：视频序列头部的第一个字节。
音频：音频帧的第一个字节。

(7)接点标志。1bit 标志位,置“1”表示相关的自适应区会出现接点计时(splice_countdown)字段,指定接点出现时间。随机存取指示符和接点标志在节目变动时,为随机进入 I 帧压缩的数据流提供随机进入点,也为插入当地节目提供方便。

(8)传输专用数据标志。1bit 标志位,“1”表示自适应区包含 1 个或多个专用数据字(private_data)节;“0”表示不含任何专用数据字节。自适应区无须伴随每个 TS 包都发送,发送多少主要由选中的 TS 包的传输专用数据标志决定。

(9)自适应区扩展标志。1bit 标志位,置“1”表示出现自适应区扩展,“0”表示自适应区中不出现自适应区扩展信息。由于 PES 包字节数不可能正好转为 TS 包的整数倍,TS 包可能剩余一小部分有用容量,通过填充字节加以填补,这样可以防止缓存器下溢,保持总码率恒定不变。

3)有效载荷

有效负载携带的信息主要包括:

(1)有原始流数据的 PES 包数据。原始流数据加载在 PES 包中,包含音频、视频的 PES 及辅助数据。

(2)节目特定信息(Program Specific Information,PSI)表,包含节目映射表(Program Map Table,PMT)、节目关联表(PAT)、条件接收表(CAT)和网络信息表(Network Information Table ,NIT)等,分成一段或多段置于 TS 包中传送。

(3)业务信息(Service Information,SI)表,包含业务描述表(Service Description Table,SDT)、事件信息表(Event Information Table,EIT)、时间日期表(Time and Date Table,TDT)等。

2. 节目特定信息

TS 流作为一种传输流,将内容进行打包复用,将其媒体内容变成 TS 传输,并最终在解码端解码。简单来看,TS 是一个传输层的协议栈,它可以承载各种内容的媒体信息,如 MPEG、H. 264、AVS,甚至 IP,那么其中的传输规范如何定义呢? 这就是节目特定信息要做的事。

PSI 包含如表 3-3 所示的 4 个表,其结构可以看成简单的表格,所有的表被分成一个或多个段插入 TS 包传输。分段的长度可变,一个分段的最大字节数 1KB。

1)节目关联表(PAT)

PAT 列出所属 TS 流中所有节目的编号,以及各编号节目所对应 PMT 的 PID,根据列出的 PID,接收端可以获得所有的 PMT。PAT 中还包含 NIT 表的 PID 信息。

PAT表规定使用PID=0的TS包来传送。要保证TS流正常接收,TS流中至少有一个完整有效的PAT。

表3-3 PSI信息

表 名	PID值	描 述
节目关联表(PAT)	0x00	关联节目数字标签及PMT、NIT等的PID值
节目映射表(PMT)	在节目关联表中分配	为一个或多个节目的组成部分指定PID值
网络信息表(NIT)	在节目关联表中分配	描述传输网络物理参数信息
条件接收表(CAT)	0x01	关联一个或多个具有独立PID值的EMM流

2)节目映射表(PMT)

一个节目可以由音频流、视频流组成,视、音频流经过处理,形成TS包之后,对应的TS包便带上了PID信息,不同的视、音频流对应的PID值不同。PMT提供节目编号及组成节目的单元之间的对应关系,这种映射关系可以看成"节目定义",PMT收集了一个TS流中所有的节目定义。PMT表被分割为一个或多个段插入TS包中传送,其PID值由编码器分配,如果愿意可以使用多个PID值。

接收端PMT的重构同样根据PID来实现的,其PID值从PAT中获得。

3)条件接收表(CAT)

条件接收节目在编码时,相应CA系统的授权管理信息(Entitled Management Message,EMM)或授权控制信息(Entitled Control Message,ECM)信息也同时通过TS包发出。CAT提供一个或多个CA系统及其相关的EMM流、ECM等之间的联系。一旦节目被加密,CAT中就有一个CA描述符(CA_descriptor)用于指定系统层面的条件接收管理信息(如EMM)和节目流特定信息(如ECM),其中的CA_PID用于指示包含条件接收控制信息的TS包的PID值。

CAT表规定使用PID=0x0001的TS包传送。

4)网络信息表(NIT)

NIT传输与复用器/传输流(TS)物理结构有关的信息,以及网络本身的特点。在MPEG-2中,NIT属于专用表,传送NIT的TS包的PID可以在0x0010~0x1FFF选择。

DVB对NIT作进一步定义,并且规定NIT信息必须使用PID=0x0010的TS包传送,这样,接收NIT时就不需要从PAT中查找其PID,而直接去PID=0x0010的TS包中接收即可。

5)PSI 工作原理

图 3-4 为 PSI 信息结构示意图。

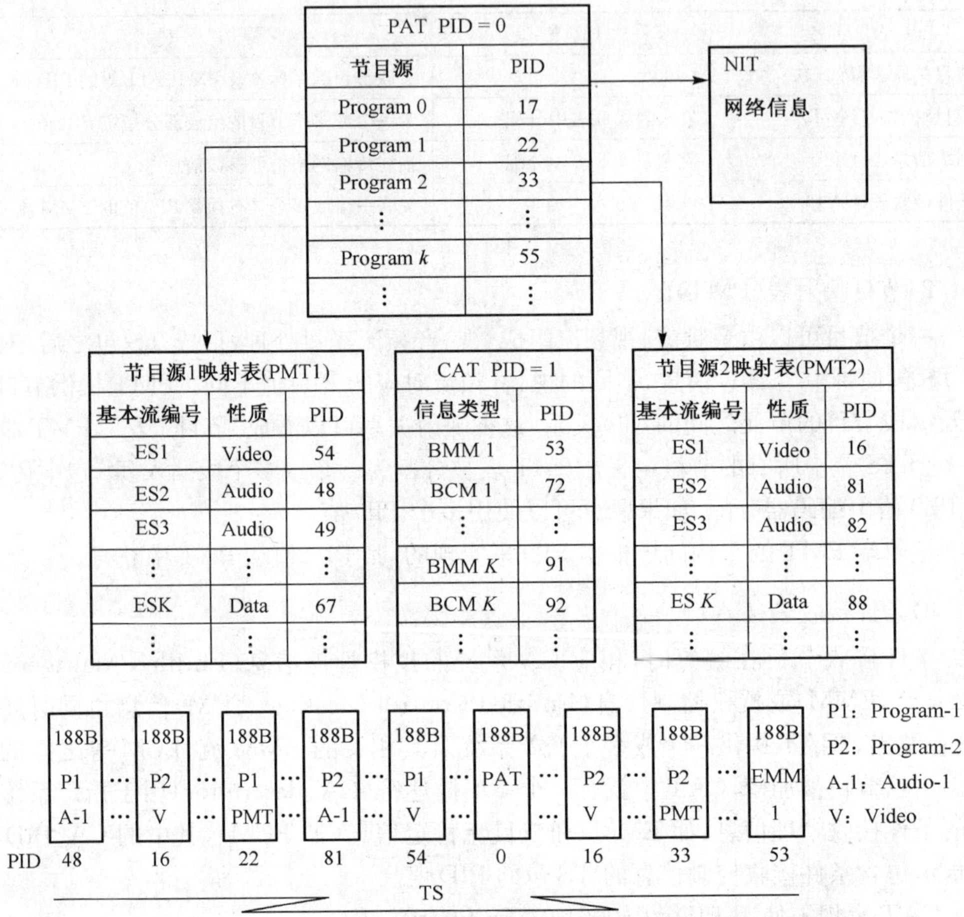

图 3-4　PSI 结构示意图

如前所述，PSI 由 4 张表构成：PAT、PMT、CAT 和 NIT，这 4 张表分别描述一个 TS 流所包括的所有基本流的传输结构。TS 流以包形式传播，在编解码端需要以一定的 PID 来标识 TS 包里承载的内容，比如，PAT 会存在于一个或多个 TS 包里，所以要用一个特别的 PID 来表示。另外，不同的 ES 流也需要不同的 PID 来标识。有了 PAT 和 PMT 这两种表，解码器就可以根据 PID，将 TS 上来自不同基本流 TS 包区分出来进行解码。

TS 的解码分两步进行，首先，从 PID 为 0 的 TS 包里解析出 PAT 表，从 PAT 里找到各个节目源的 PID，一般此类节目源都由若干个基本流组成，并描述在 PMT 表中。通过节目源的 PID，就可以在 PMT 表里检索到各个基本流的 PID。其次，解码器根据 PMT 表里基本流的 PID，将 TS 流上的包进行区分，按 PID 值重构并解码基本流。

3. 业务信息

PSI 描述了 TS 流所携带的内容，包含了对构建各节目基本流的描述和对节目本身的描述。且 PSI 只提供了单个 TS 流的信息，不能提供多个 TS 流的有关业务和节目类型、什么节目、什么时间开始等信息，为了更多接收和解码所需信息，支持更复杂的应用，DVB 系统对 PSI 进行了扩展，提供了不同信息种类的多种表格，形成业务信息(SI)。SI 可以描述由节目播放者提供的每一个服务的技术特征及其他信息，通过 SI 的帮助，用户可以在传输流中选择服务或事件，机顶盒使用 SI 信息能完成自动配置和自动接收。

SI 提供了与业务相关的识别信息，与 PSI 一样，SI 信息也是封装在段中传输。SI 包括以下表：

(1)业务描述表(SDT)。描述包含在特定 TS 流中的全部业务的相关信息。业务描述表包含描述系统中业务的数据，例如业务名称、业务提供者等。

(2)事件信息表(EIT)。描述包含在特定业务中的所有事件的相关信息。事件信息表包含了与事件或节目相关的数据，例如事件名称、起始时间、持续时间、父母控制级别等信息和下一个播出节目相关信息等。

(3)时间和日期表(TDT)。给出与当前时间和日期相关的信息。由于这些信息频繁更新，所以需要使用一个单独的表。

(4)业务群关联表(BAT)。提供业务群相关的信息，给出业务群的名称以及每个业务群中的业务列表。利用 BAT 表的功能，用户根据前端的定义，方便、快捷地搜索到不同业务群的节目。

(5)时间偏移表(TOT)、运行状态表(RST)、填充表(ST)、选择信息表(SIT)、间断信息表(DIT)等表信息。

其中，SDT、EIT、TDT 为必须传送的表，其他 SI 表为可选传送表。除 EIT 外其他 SI 信息不能加扰。

实际应用中，将 PSI/SI 所提供的数据通过有序地组织起来，生成类似节目报的形式。它能在用户接收终端上即时浏览，大大方便用户的使用，这就是电子节目指南 EPG。因此有关 SI 进一步内容将在第 6 章介绍。

3.1.3　TS流的系统复用

如前所述，数字电视节目的复用包括两个阶段，对音/视频 PES 包的节目复用和对 TS 流的系统复用，本节介绍第二个阶段即 TS 流的系统级复用，将多个单节目（或者多节目）TS 流合成一个 TS 流。

数字电视广播系统中，系统复用是一个非常关键的环节之一，实现将多路电视节目复用成一个 TS 流，在一个电视频道内传输，大大提高频道利用率的同时，提供常规电视广播之外的增值业务。图 3-5 显示了 TS 流系统复用原理。

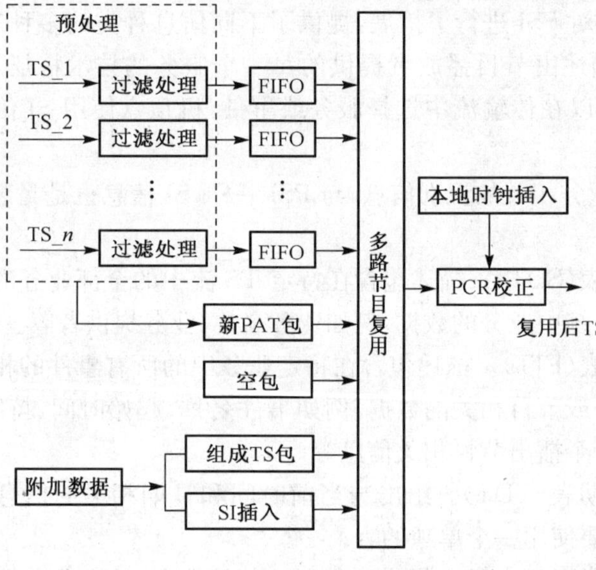

图 3-5　TS 流系统复用原理

系统复用对各路 TS 流的 PSI 进行搜集并分析其码流，得到各路 TS 码流中相应视频、音频和数据信息的码率，对各路节目的包标识 PID、数字电视节目专用信息 PSI、节目时间参考 PCR 等信息进行处理，对不同节目的 TS 可能出现的相同 PID 值进行修改，并与本地产生的这类数据重新整合为复用后新的 PSI 等系统级控制信息，同时插入符合 DVB-SI 规范的业务信息。

接收端解码显示过程中需要面对时间参考和同步问题。在 TS 形成过程中，根据 STC 的参考，PTS 和 DTS 在 ES 打包成 PES 时注入 PES 包中。当多路 TS 再进行复用时，在带有 PCR 标志位字段的 PCR 字段的 TS 流离开复用器时刻，校正或重新插入新的节目参考时钟。

3.2 复用器功能与实现

3.2.1 复用器功能

在数字电视系统发展的初期,复用器分为复用器和再复用器,其中复用器是将单节目TS流复用成多节目TS流,而再复用器是将多个单节目TS流或者多节目TS流复用成一个多节目TS流。随着技术的发展和数字电视系统的发展,单纯的复用器已经很少见到了,现在市场上的主流复用器基本具有再复用功能。

1.复用器的主要功能

复用器作为一个码流处理设备,是将符合标准的TS流进行过滤、重新复接。其功能涵盖输入多节目TS流(MPTS)节目分析,多路分解,PSI/SI提取、修改和插入,PID映射,PCR校正,码率调整,"过载保护"等诸多功能。经过多年的发展,复用技术已经相当成熟,新一代复用器已经成为一个综合数字码流处理平台,其执行的过滤筛选、混合重整功能保证了整个平台能够按照预定频点资源进行有序分配。

复用器的主要功能如下。

1)TS复用

寻找PID为0x0000的携带PAT表的TS包,根据PAT表的内容识别出携带PMT表的TS包的PID,并根据该PID找到PMT表,从PMT表中可以获取该节目视频PID、音频PID,以及辅助数据PID等,再根据该PID找到对应这路节目的各个TS包,完成一路节目的识别。保存其内容,据此建立自定义的节目映射表(PMT)。

当多路TS流复用时,不仅要对各路TS流进行节目分析和节目信息收集,还要判断输入码流总共有几路节目,每路节目有哪几路基本流等。同时,复用器还需要对输入的码流进行基本流的PID更换和PSI信息重构,根据修改后的PMT构造PAT包和PMT包。当将所有选择的节目的PAT信息写完后,加上4个字节的CRC检验字段,用0xFF去填充余下的字节,直到PAT包长度为188字节的整数倍。

2)TS过滤

TS过滤是过滤掉没有设置输出权限的业务,以确保未来的成型节目平台上的节目能够严格按照预定计划的执行。

3)PID映射

PID映射是复用体系中一个比较特殊的复用模式,一般情况下,依照DVB的标准,复用器可以根据当前流中的特定信息(PSI/SI)来对整个 TS 流进行搜索和管理,一般性的操作如节目的映射(如将中央电视台综合频道复用到输出流)、PSI 抽取等功能均依此进行。但是当面对一些特殊业务的要求时,这种基于 PSI/SI 表格的搜索复用模式可能无法采用,例如 EPG 插入。在这种模式下,输入流(Input_TS)内不一定提供 PSI 表格,而仅仅提供一部分 SI 表格(如 NIT、TOT 等),此时就要依靠一套特殊的映射系统保证复用的正常进行,这就是 PID 映射。简言之,PID 映射就是脱离传输流的整体结构,而单独对传输流内某一种或者几种传输包(packet)进行筛选传输。

4)PCR 校正

保证 PCR 在通过复用器之后没有明显的恶化。PCR 校正在后面专门讨论。

2. 复用器在前端系统的位置

如图 3-6 所示,数字电视前端系统将来自不同网络的各种数字电视节目,如卫星、开路、上级骨干 SDH 网络以及本地自办模拟节目、数据广播内容、各种附加数据等,经复用器复用成适合本地频道资源的 TS 流,通过发射网络发射,或者通过传输网络传送到下一级前端或发射站点。

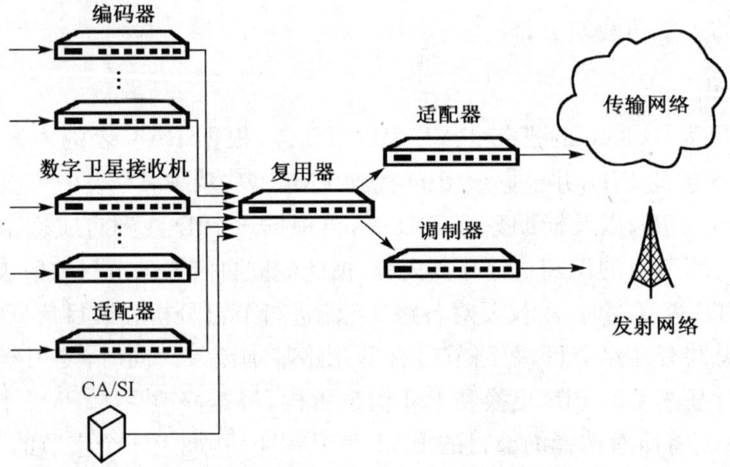

图 3-6　复用器在数字系统中的位置

3.2.2　复用器实现技术

1. TS 复用器的关键技术

复用器的关键技术包括 PCR 的校正、PSI 信息的提取与重构。

1)PCR 校正

PCR 由 33bit 基值(base)和 9bit 扩展值(extension)组成,PCR 值以系统参考时钟周期为单位记录了源端的时间信息,对整个数字电视系统的同步起关键作用。在节目复用器中,有一个分为两段的 42bit PCR 计数器,分别对应传输流 PCR 字段的基值和扩展值。扩展值以节目复用器系统参考时钟(27MHz)为基准在 0～299 循环计数,每计到 300 时清零,同时,基值加 1。在 PCR 字段最后 1 个字节离开节目复用器前的那一时刻,基值和扩展值分别被插入 TS 包的相应位置。在接收端,通过对 PCR 值的提取,利用锁相环电路恢复出与源端基本一致的 27MHz 时钟,作为接收端工作的基准时钟。在再复用器中,由于输入 TS 流的各个包经过再复用器的处理后延时各不相同,有必要对各个节目 PCR 字段的内容分别进行修正,这种操作称为 PCR 校正(PCR correction)。其基本算法表示为

$$PCR_{out} = PCR_{in} + \Delta$$

其中,PCR_{in} 和 PCR_{out} 分别为同一个包的 PCR 字段在进入复用器和离开复用器时的数值,Δ 为此字段数据随着相应的传输流包在整个再复用器进行各种处理后产生的延时总和。

2)PSI 信息的提取与重构

PSI 信息记录了关于信道、传输流和节目的基本信息。它主要包括节目关联表(PAT)、节目映射表(PMT)、网络信息表(NIT)和条件接收表(CAT)。复用器需要提取各个输入 TS 流的 PSI 信息,输出 TS 流由多个输入传输流和数据组合而成,根据输出流的组成结构重新生成输出 TS 的 PSI 信息,并插入输出 TS 流中随节目内容传输。PSI 的插入可以看作再复用器数据插入功能的一个特例。为了保证码流的随机接入性,MPEG-2 标准规定 PSI 表的重复间隔不得超过 100ms,而 DVB 标准则更加严格,要求不得超过 40ms。

2. PCR 原理及校正技术

PCR 是整个传输系统中的统一时钟,它的作用是将发端的 27MHz 时钟以 PCR 时间戳的形式注入码流中,而收端是否能够根据该信息无偏差地恢复出发端的参考时钟以达到收发时钟的同步,这对系统的性能有至关重要的影响,因此对 PCR 的研究一直是热点问题,其中主要的难点是如何校正并消除人为处理和网路阻塞等影响带来的 PCR 抖动。如果不进行校正或者校正精度不能满足要求,解码器所恢复的图像容易掉彩色,还会出现周期性的黑屏现象,同时图像会伴有马赛克,严重时会出现死机。

1)同步及系统时钟恢复

用于视音频同步以及系统时钟恢复的时间标签分别在 ES、PES 和 TS 这 3 个层次中。在 ES 层,与同步有关的主要是视频缓冲验证(Video Buffer Verifier,VBV),用以防止解码器的缓冲器出现上溢或者下溢;在 PES 层,主要是在 PES 头信息里出现的显示时间戳(PTS)和解码时间戳(DTS);在 TS 层中,TS 头信息包含节目时钟参考(PCR),用于恢复出与编码端一致的系统时序时钟(STC)。

编码端有频率为 27MHz 的共同系统时钟,此时钟用来产生指示音频和视频的正确显示和解码时序的时间标签,同时可用来指示在抽样瞬间系统时钟时间的瞬时值,传输流中的 PCR、PTS/DTS 等均为对该共同系统时钟的采样值。PCR 是由对系统时钟脉冲触发的计数器状态抽样而来,是放在 TS 包头的自适应区中传送,如图 3-7 所示。PCR 共占 6B,其中 6bit 预留,42bit 有效位。42bit 的 PCR 分为两部分:33bit 的 PCR-Base 和 9bit 的 PCR-Ext。PCR-Base 是由 27MHz 脉冲经 300 分频后的 90kHz 脉冲触发计数器,再对计数器状态进行取样得到的。PCR-Ext 是由 27MHz 脉冲直接触发计数器。PCR-Base 的作用是在解码器切换节目时,提供解码器 PCR 计数器的初始值,以让该 PCR 值与 PTS、DTS 最大可能地达到相同的时间起点。PCR-Ext 的作用是通过解码器端的锁相环(Phase Locked Loop,PLL)电路修正解码器的系统时钟,使其达到和编码器一致的 27MHz。

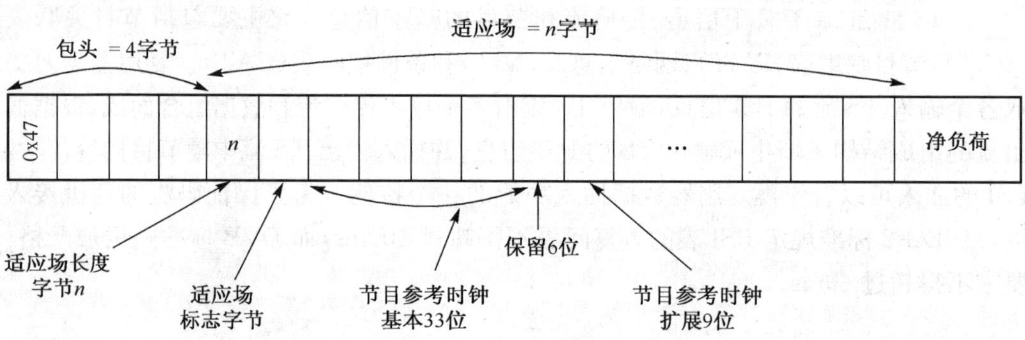

图 3-7 包含 PCR 的 TS 包结构

解码端捕获 PCR,恢复本地的 STC,作为音视频同步控制的基准,并依据 PTS(DTS)时间标签来安排解码和显示时间表,使音视频分别同步于 STC,以实现音视频之间的同步。当新节目的 PCR 到达解码器时,需要更新时间基点,STC 就被置位。通常第一个从解复用器中解出的 PCR 被直接装入 STC 计数器,其后 PLL 闭环操作。当一个新节目的 PCR 到达解码器时,此值被认为是锁相环的参考频率,用来与 STC 的当前值比较,产生的差值经过脉宽调制后输入低通滤波器并经放大,输出控制信号控制振荡器(VCO)的瞬时频率,VCO 输出的频率是在 27MHz 左右振荡的信号,作为解码器的系统时钟。27MHz 时钟经过波形整理后输入计数器中,产生当前的 STC 值,其 33bit 的 90kHz 部分用于和 PTS/DTS 比较,产生解码和显示的同步信号。一个单元解码后被显示,PCR 计数器重新计数,开始下一个单元的工作。

2)非均匀延时和 PCR 抖动

通常情况下,经过复用和再复用后,PCR 值并不能完全精确地反映信源编码端的时间信息,这种现象称为 PCR 抖动(PCR jitter)。非均匀延迟是复用过程中引起 PCR 抖动的主要原因。下面通过一个例子说明非均匀延迟。假若在某 TS 流中,复用前 PCR1 和 PCR2 之间的原始码速率是 a,两者的间隔为 m_1(bit),显然,根据 PCR 原理得到 $a=m_1/\Delta\text{PCR}$。由于传输过程中的各种原因,PCR1 和 PCR2 之间的码流速率变为 b,两者间隔为 m_2,如果要求 $b=m_2/\Delta\text{PCR}$(即变化后的 PCR 仍然能够准确地反映当前速率),则必须有

$$\frac{a}{b}=\frac{m_1}{m_2} \quad 或 \quad \frac{a}{m_1}=\frac{b}{m_2}$$

满足上式的延迟称为均匀延迟,否则称为非均匀延迟。显然在一个随机变化的网路中均匀延迟几乎是不可能的。引起非均匀延迟的原因主要有两大类,一类是由数据在网路中传输时端到端的非均匀传输延迟造成的,这类抖动一般来说都比较小,大多数系统是可以容忍的;另一类是根据传输的需要人为的改变码速率所引起的,码流复用和码速率调整所引起的 PCR 抖动都属于这一类,这类情况所引起的抖动一般是比较大的。

复用器增加的 PCR 抖动量主要还有以下几个来源:①本地 27MHz 时钟与节目复用器中系统参考时钟不一致;②本地 27MHz 时钟与输入 TS 流时钟不一致;③本地 27MHz 时钟与输出 TS 流时钟不一致。PCR 抖动较大会对收端恢复同步时钟产生很大的影响,如果抖动过大会进一步影响图像画面的效果。不同的系统能够容忍的最大抖动是不同的,在 DVB 系统中要求小于 500ns,因此要对 PCR 进行校正。

3)PCR 校正的方法

不同的复用器中,由于 PCR 校正实现的方法各不相同,以附加 PCR 抖动大小(即校正精度)为主要指标的性能差别也很大。下面分别介绍几种 PCR 校正方法。

(1)基于相同时基的 PCR 校正方案。

在 ISO/IEC 13818 协议中并没有对 PCR 的时基作明确规定,即 1 路 TS 流中多路节目的 PCR 可以使用相互独立的时基,也可以使用统一时基(显然现实中不同节目的产生是不相关的,所以往往在复用时保留原有不相关的时基),PCR 的作用在于为收端提供一个时钟基准,所需要的是 PCR 之间的差值,而每一个 PCR 的绝对值是没

有意义的。所以,利用一个本地 27MHz 时钟按照 ISO/IEC 13818 协议的规则重新生成 42bit PCR 值,当 TS 流中存在多路节目时,不区分当前的 PCR 域内为哪一路节目的 PCR,而是利用一个统一的时钟根据时间在每一个 PCR 域内顺序置入新的 PCR 值,这样多路节目的 PCR 共享一个时基,而在恢复时钟时无须判断是哪一路节目的 PCR,只需要根据 PCR 的先后顺序进行锁相恢复即可。由于第二次 PCR 置入是在速率变化之后,最终输出的 PCR 值可以无抖动地反映调整之后的码流速率,可见尽管码率调整使得 PCR 出现抖动,但是重新置入 PCR 使得抖动消除。

(2)基于相同时基的 PCR 校正策略的改进。

基于相同时基的 PCR 校正方法存在一定的弊端,由于采用本地 27MHz 时钟进行 PCR 的重新置入,最终恢复出来的 27MHz 时钟必然是本地的参考时钟,假如这个时钟与原参考时钟有偏差,那么这个偏差将不断积累。假如原参考时钟是产生 PS 流时产生 PCR 的参考时钟(这个时钟也是最终收端所需要的时钟基准),这个偏差的积累最终可能导致缓冲区的溢出,并使解码产生不良效果,所以在置入时准确地恢复出原 27MHz 时钟,使重新置入 PCR 参考时钟无偏差或偏差较小。基于此,对该方案提出了改进。

具体方法是从第一次 PCR 的重新注入开始,每一次重新注入 PCR 之前,首先通过码流中的原有 PCR 恢复出参考时钟,并用这一时钟来产生新的 PCR,如图 3-8 所示。从节目复用开始采用该方案,可以解决时钟偏移量积累的问题。

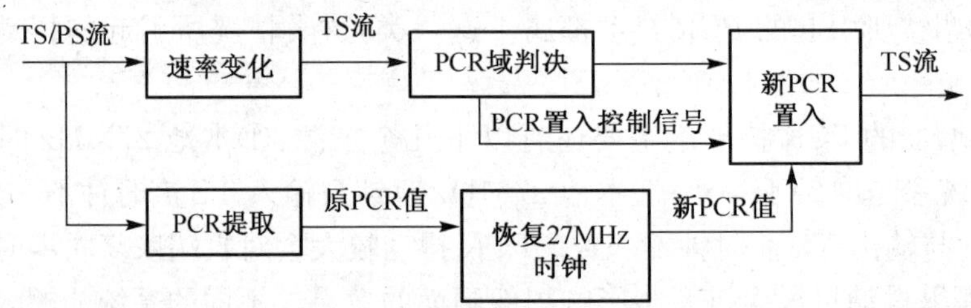

图 3-8 PCR 校正方案

(3)改进的 PCR 校正算法。

改进的 PCR 调整方法有别于原来的方法,它不是对原有 PCR 值进行修改,而是重新生成正确的 PCR 值,并替代原有的 PCR 值。基本原理是用本地 27MHz 时钟计数值代替原有的 PCR 值,同时保存它们之间的差值,再用这个差值调整 PTS 和 DTS 值。如图 3-9 所示,原 PCR 值进入 PCR 校正模块,被本地 27MHz 时钟计数值代替输出,同时计算两者的差值并保存到 RAM 中;原 PTS/DTS 值进入 PTS/DTS 校正模块,原 PTS 和 DTS 值减去保存在 RAM 中的相应差值,输出正确的 PTS 和 DTS 值。

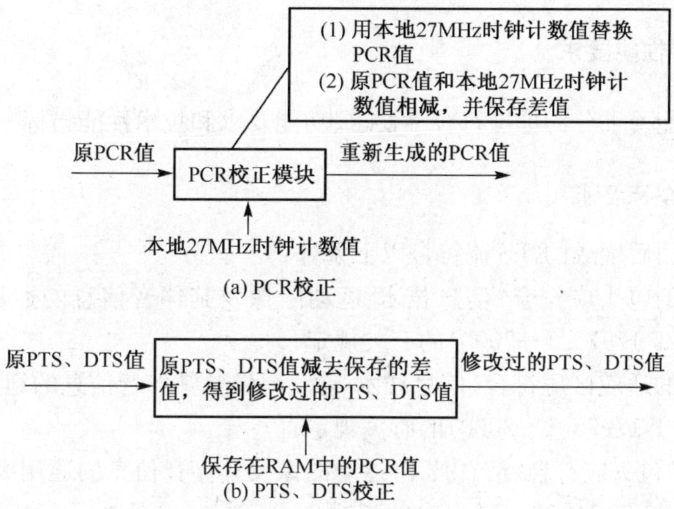

图 3-9　改进的 PCR 校正方案

3.2.3　统计复用

统计复用(Statistical Division Multiplexing,SDM)有时也称为标记复用、统计时分多路复用或智能时分多路复用,能实现带宽动态分配。统计复用从本质上讲是异步时分复用,有别于普通复用方式的固定时隙分配的形式,它能动态地将时隙按需分配,根据信号源是否需要发送数据信号和信号本身对带宽的需求情况来分配时隙。

数字电视节目复用器主要完成对 TS 流的再复用功能,形成多节目传输流(MPTS),用于数字电视节目的传输任务。输入复用器的各个节目传送的码率不是恒定的,在同一时刻图像复杂程度不一样(如含运动画面时码率高,而静止画面较多时码率低),统计复用可以在同一频道内各个节目之间按图像复杂程度分配码率,有效利用带宽,在一个电视频道内传送更多或质量更高的节目。

实现统计复用的关键因素:一是如何对图像序列随时进行复杂程度评估,有主观评估和客观评估两种方法;二是如何适时地进行视频业务的带宽动态分配。

3.3　复用器性能要求与测试

2007 年 7 月 13 日,国家广播电影电视总局发布了中华人民共和国广播电影电视行业标准《数字电视复用器技术要求和测量方法》(GY/T 226—2007),规定了数字电视复用器的主要技术要求和测量方法。该标准 2007 年 8 月 1 日起实施。本节依据该标准,介绍复用器性能要求和测试方法。

3.3.1 复用器性能要求

复用器性能要求分为标准符合性要求、功能要求和技术性能指标三个方面。

1. 标准符合性要求

复用器复用后生成的 TS 流符合以下条件：

(1)TS 包的包头应符合《信息技术 运动图像及其伴音信息的通用编码 第 1 部分：系统》(GB/T 17975.1—2000)的有关规定；

(2)TS 包的适应区应符合《信息技术 运动图像及其伴音信息的通用编码 第 1 部分：系统》(GB/T 17975.1—2000)的有关规定；

(3)PES 的包头应符合《信息技术 运动图像及其伴音信息的通用编码 第 1 部分：系统》(GB/T 17975.1—2000)的有关规定；

(4)PES 的适配域应符合《信息技术 运动图像及其伴音信息的通用编码 第 1 部分：系统》(GB/T 17975.1—2000)的有关规定；

(5)TS 流的映射结构应符合《信息技术 运动图像及其伴音信息的通用编码 第 1 部分：系统》(GB/T 17975.1—2000)的有关规定；

(6)TS 包的 PID 的分配应符合《信息技术 运动图像及其伴音信息的通用编码 第 1 部分：系统》(GB/T 17975.1—2000)和《数字电视广播业务信息规范》(GY/Z 174—2001)的有关规定；

(7)业务基本流的 stream_id 的分配应符合《信息技术 运动图像及其伴音信息的通用编码 第 1 部分：系统》(GB/T 17975.1—2000)的有关规定；

(8)PSI 表的描述符应符合《信息技术 运动图像及其伴音信息的通用编码 第 1 部分：系统》(GB/T 17975.1—2000)的有关规定；

(9)PSI 表描述符的 descriptor_tag 的分配应符合《信息技术 运动图像及其伴音信息的通用编码 第 1 部分：系统》(GB/T 17975.1—2000)的有关规定；

(10)PSI 表的语法和语义应符合《信息技术 运动图像及其伴音信息的通用编码 第 1 部分：系统》(GB/T 17975.1—2000)的有关规定；

(11)PSI 表 table_id 的分配应符合《信息技术 运动图像及其伴音信息的通用编码 第 1 部分：系统》(GB/T 17975.1—2000)的有关规定；

(12)SI 表的语法和语义应符合《信息技术 运动图像及其伴音信息的通用编码 第 1 部分：系统》(GB/T 17975.1—2000)和《数字电视广播业务信息规范》(GY/Z 174—2001)的有关规定；

(13)SI表table_id的分配应符合《数字电视广播业务信息规范》(GY/Z 174—2001)的有关规定；

(14)SI表的描述符应符合《数字电视广播业务信息规范》(GY/Z 174—2001)的有关规定；

(15)SI表描述符的descriptor_tag分配应符合《数字电视广播业务信息规范》(GY/Z 174—2001)的有关规定；

(16)PCR的结构应符合《信息技术 运动图像及其伴音信息的通用编码 第1部分:系统》(GB/T 17975.1—2000)的有关规定。

2. 功能要求

(1)复用功能。这是复用器的基本功能。从一个或多个符合GB/T 17975.1—2000和GY/Z 174—2001的输入TS流中提取所需数据，组合成为符合GB/T 17975.1—2000和GY/Z 174—2001的新TS流并输出。

(2)支持对PCR的重标记，及支持对PCR的校正(可选)。

(3)PAT表和PMT表的重新生成。

(4)能够生成复用后TS流的PAT表和PMT表，并在复用配置发生变化时生成新版本的PAT表和PMT表，表的版本号(version_number)加1(在0x1F时加1变为0)。

(5)能够生成复用后的TS流的SDT表。

(6)支持对指定PID的TS包进行复用，并可以更改指定包的PID为指定的值。

(7)输入TS包格式。

复用器应支持的输入TS包格式包括：

①自适应支持188字节和204字节格式的TS包；

②支持符合GY/T 170—2001中RS编码规定的TS包(可选)。

(8)输出TS包格式。

复用器应支持的输出TS包格式包括：

①支持188字节格式的TS包；

②支持带有FEC校验码的204字节格式的TS包，FEC校验码应符合GY/T 170—2001中的RS编码规定(可选)。

(9)复用器ASI接口输入应支持ASI数据包传输格式及ASI突发传输格式。

(10)复用器的ASI输出接口应支持ASI数据包传输格式。

(11)支持设置PAT表、PMT表、SDT表的播发间隔。

(12)后向兼容性支持。允许与被复用节目、被复用基本流相关的且符合语法但是语义未知的描述符通过。

(13)断电、重新启动后复用器能够自动加载断电前的配置参数，支持对复用器配置参数的导入、导出(配置持续性)。

(14)提供基于 RJ-45 以太网接口的管理功能。

(15)复用器前面板有状态指示灯，且有 LCD 状态显示(可选)等指示功能。

(16)实现统计复用的功能(可选)。

(17)支持复用 TCP/IP、UDP/IP 传输的数据(可选)。

(18)支持用户对输入 TS 流中的 PAT 表、PMT 表进行编辑和修改(可选)。

(19)支持用户对输入 TS 流中的 SDT 表进行编辑和修改(可选)。

3. 技术性能指标

1)ASI 输入接口

复用器 ASI 输入接口应满足的性能指标如下：

(1)连接器应具有 BNC 的机械特性；

(2)单路 ASI 输入接口的最大支持有效码率不小于 52Mbit/s；

(3)ASI 输入接口的电气特性技术指标见表 3-4。

表 3-4　ASI 输入接口电器特性技术指标

序号	项　目	技术指标
1	最小接收灵敏度/mV	≤200
2	最大输入电压/mV	≥880
3	连接器的反射损耗(5～270MHz)/dB	≤−15

2)ASI 输出接口

复用器 ASI 输出接口应满足的性能指标如下：

(1)连接器应具有 BNC 的机械特性；

(2)单路 ASI 输出接口的最大支持有效码率不小于 52Mbit/s；

(3)ASI 输出接口的电气特性技术指标见表 3-5。

表 3-5　ASI 输出接口电器特性技术指标

序号	项　目	技术指标
1	输出幅度/mV	800±80
2	上升时间(20%～80%)/ps	≤1200
3	下降时间(20%～80%)/ps	≤1200
4	确定性抖动(峰峰值)/%	≤10
5	随机性抖动(峰峰值)/%	≤8
6	连接器的反射损耗/dB	待定

3)PCR 和 PTS

PCR 和 PTS 技术指标见表 3-6。

表 3-6　PCR 和 PTS 技术指标

序号	项　　目	技术指标
1	PCR 总抖动/ns	[−500,500]
2	PTS 重复间隔/ms	≤700
3	PCR 重复间隔/ms	≤40
4	复用器引入的 PCR 抖动的绝对值/ns	≤111

4)PSI/SI 表的重复间隔

PSI/SI 表重复间隔时间技术指标见表 3-7。

表 3-7　PSI/SI 表重复间隔技术指标

序号	项　目	技术指标
1	PAT/ms	≤500
2	PMT/ms	≤500
3	SDT Actual/ms	≤2000,≥25(当输出码率小于 100Mbit/s 时)
4	SDT Other/ms	≤10000,≥25(当输出码率小于 100Mbit/s 时)

注:一般 SDT 表包含本网络中所有节目信息,其中的 SDT Actual 包含本频点的节目信息,SDT Other 包含本网络中其他频点的节目信息。只要通过当前频点的 SDT Actual 和 SDT Other 就可以得到整个网络的节目信息。

3.3.2　复用器测量方法

1. 测量环境条件

(1)温度:15～35℃。

(2)相对湿度:30%～75%RH。

(3)大气压:86～106kPa。

(4)电源电压:交流 198～242V,50Hz±1Hz。

2. 标准符合性测试

按照图 3-10 连接测量仪器和被测复用器,用码流分析仪分析复用器输出的 TS 流,检查复用器输出的 TS 流是否符合 3.3.1 节中的标准符合性要求。

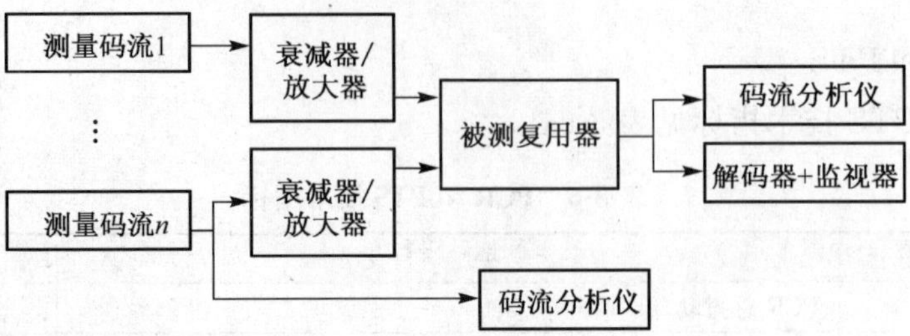

图 3-10　复用器功能、性能测量框图

图 3-10 中"解码器＋监视器"用于在测量时验证复用的视音频节目是否正确。

3. 功能要求测试

1)复用功能

按照图 3-10 连接测量仪器和被测复用器,用码流分析仪测量复用器是否按照测量时的配置正确实现复用。

2)PCR 重标记和校正

(1)按照图 3-10 连接测量仪器和被测复用器,用码流分析仪测量复用器引入的 PCR 抖动是否在 111ns 范围内;

(2)按照图 3-10 连接测量仪器和被测复用器,用码流分析仪进行测量,检查被测复用器在经过 10min 后,是否能将输入抖动绝对值区间为 500～10000ns 的码流优化至抖动绝对值小于或等于 500ns 的码流,并将其输出。

3)PAT 表和 PMT 表的重新生成

(1)按照图 3-10 连接测量仪器和被测复用器,用码流分析仪测量复用器是否可以根据被复用的 TS 流生成新 TS 流的 PAT 表和 PMT 表;

(2)按图 3-10 连接测量仪器和被测复用器,检查被测复用器是否可以对输入 TS 流中的 PAT 表、PMT 表进行编辑和修改,并且用码流分析仪分析结果是否正确。

4)SDT 表的重新生成

(1)按照图 3-10 连接测量仪器和被测复用器,用码流分析仪测量复用器是否可以根据被复用的 TS 流生成新 TS 流的 SDT 表;

(2)按照图 3-10 连接测量仪器和被测复用器,检查被测复用器是否可以对输入的 SDT 表进行编辑和修改,并且用码流分析仪分析结果是否正确。

5)复用指定PID的TS包

(1)按照图3-10连接测量仪器和被测复用器,配置复用器复用几个指定PID的TS包,并按表3-8分别映射到相应PID。

表3-8 PID分配表

序号	PID值
1	0x10
2	0x11
3	0x12～0x1F任选一个PID
4	0x1FFE
5	0x20～0x1FFE任选一个PID

(2)用码流分析仪检查被指定的TS包是否被正确复用。

6)输入TS包格式的测量

(1)自适应支持输入188字节和204字节的TS包格式。

按照图3-10连接测量仪器和被测复用器,在被测复用器的一个输入端口输入188字节格式的TS流,另外一个输入端口输入204字节格式的TS流,配置被测复用器复用以上两个TS流。在被测复用器输出端用码流分析仪分析复用结果是否正确、输出的TS流是否为188字节格式。

(2)输入带有FEC校验码的204字节的TS包格式。

按照图3-10连接测量仪器和被测复用器,在被测复用器的一个输入端口输入带FEC校验码的204字节格式的测试码流,此测试码流设定一些特定的错误,配置被测复用器复用该TS流。用码流分析仪记录下被测复用器复用后的TS流,检查错误是否得到修正。

7)输出TS包格式

(1)输出188字节TS包格式。测量步骤与上面“自适应支持输入188字节和204字节的TS包格式”相关规定相同。

(2)输出204字节TS包格式。按照图3-10连接测量仪器和被测复用器,在被测复用器的一个输入端口输入188字节格式的TS流,配置被测复用器复用该TS流同时配置被测复用器对TS包进行FEC编码。用码流分析仪记录被测复用器输出端输出的TS流,检查TS包是否带有正确FEC校验。

8)ASI输入接口格式

(1)ASI输入接口支持ASI数据包传输格式。按照图3-10连接测量仪器和被测复用器，用 ASI 数据包传输模式向被测复用器输入 TS 流，配置被测复用器复用此 TS 流。用码流分析仪测量被测复用器是否正确复用。

(2)ASI 输入接口支持 ASI 突发传输格式。按照图 3-10 连接测量仪器和被测复用器，用 ASI 突发传输模式向被测复用器输入 TS 流，配置被测复用器复用此 TS 流。用码流分析仪测量被测复用器是否正确复用。

9)ASI 输出接口格式

按照图 3-11 连接测量仪器和被测复用器，配置被测复用器输出为数据包传输格式，用测量仪器检测输出是否是数据包格式。

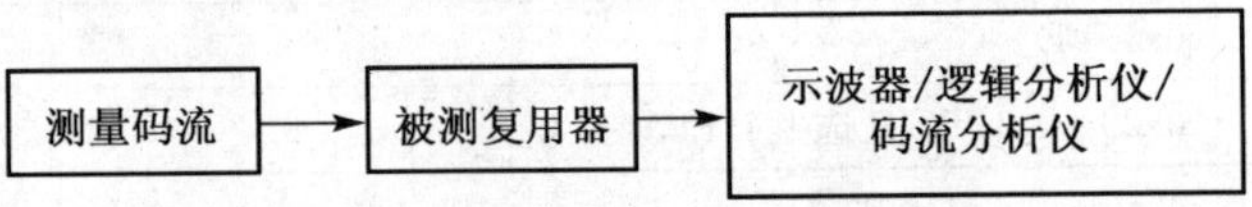

图 3-11　ASI 输出接口传输格式测量框图

10)表间隔设置

按照图 3-10 连接测量仪器和被测复用器，在被测复用器上设置各个表的播发间隔。用码流分析仪测量复用器输出码流的表间隔是否和设置一致。

11)后向兼容性支持

按照图 3-10 连接测量仪器和被测复用器，播放带有与基本流相关的符合语法，但是语义未知的描述符的 TS 流，在被测复用器配置复用此描述符。用码流分析仪检查此描述符是否被正确复用。

12)配置持续性

(1)配置持续性。按照图 3-10 连接测量仪器和被测复用器，正确配置被测复用器的相关设置。关断电源，开机检查配置是否和关机前相同，并且按照此配置能正确进行复用。

(2)配置参数的导入、导出。按照图 3-10 连接测量仪器和被测复用器，配置被测复用器使其能正确复用输入的 TS 流。将被测复用器配置导出至配置文件 1，修改复用器配置使复用器输出结果发生变化。关机，再开机，导入配置文件 1，检查复用器的配置是否与前面的配置相同，并用码流分析仪测量输出是否与前面的输出相同。

13)网管功能

用网管软件通过 RJ-45 接口读取复用器状态、配置等信息，对复用器进行配置。用码流分析仪分析被测复用器是否实现以上配置。

4.技术性能指标测量

1)ASI 输入接口的性能指标

(1)单路 ASI 输入接口可支持的最大有效码率。按照图 3-10 连接测量仪器和被测复用器,输入不同速率的码流到被测复用器,配置被测复用器复用以上码流。用码流分析仪分析以上码流是否被正确复用,并检查被测复用器输出的码流是否可以被正确解码显示。测试最大的无错误的单路输入码率。

(2)ASI 输入接口的电气特性。按照图 3-10 连接测量仪器和被测复用器,对于输入接口带有均衡的被测复用器,在衰减器和被测复用器之间连接长度为 100～200m 的 75Ω 电缆。用放大器/衰减器将复用器的 ASI 输入分别调整为 200mV 和 880mV,配置被测复用器对输入的 TS 流进行复用。检查是否能够正确复用。

2)反射损耗

按照图 3-12 连接测量仪器和被测复用器,其中网络分析仪和被测设备之间用 75Ω 的电缆连接,测试仪器的输入/输出阻抗为 75Ω;用网络分析仪测量反射损耗。

图 3-12 反射损耗测量框图

3)ASI 输出接口的性能指标

(1)ASI 接口的输出幅度。按照图 3-13 连接测量仪器和被测复用器,其中设备之间用 75Ω 的电缆连接,测试仪器的输入阻抗为 75Ω。用示波器读取输出幅度。

图 3-13 ASI 输出接口性能指标测量框图

(2)ASI 接口输出的上升/下降时间。按照图 3-13 连接测量仪器和被测复用器,其中设备之间用 75Ω 的电缆连接,测试仪器的输入阻抗为 75Ω;用示波器读取上升/下降时间。

(3)ASI 接口输出信号的抖动。按照图 3-13 连接测量仪器和被测复用器,用示波器测量确定性抖动和随机抖动。

(4)ASI 接口最大输出码率。按照图 3-10 连接测量仪器和被测复用器,配置被测复用器输出不同码率,用码流分析仪分析以上码流是否正确;检查被测复用器输出的码流是否可以被解码器正确解码显示；测试最大无错误的输出码率。

4)PCR 和 PTS 技术指标

按照图 3-10 连接测量仪器和被测复用器，播放 PCR 抖动为[－389ns，389ns]、PTS 重复间隔小于 700ms、PCR 重复间隔小于 40ms 的 TS 流，用码流分析仪测量相应的 PCR 指标和 PTS 指标。

5)PSI/SI 表重复间隔

按照图 3-10 连接测量仪器和被测复用器，播放表间隔符合表 3-7 要求的 TS 流，用码流分析仪测量相应的表间隔。

第 4 章　条件接收系统

条件接收系统，即 CA 系统，就是通过节目的加密控制，使得只有交费的用户才能得到授权解密收看。本章介绍条件接收系统的原理、系统构成及系统检测等。

4.1　条件接收系统概述

随着数字视频广播的发展，观众将会面对越来越多综合或专门的频道，欣赏到更高品质、更多服务的节目。广播业者则因要购买这些节目的版权、制作而承受更高的成本，单纯广告的收入已经不够，所以要对用户收取一定的收视费用。另外，调查也显示用户是愿意预付一定费用以获得更好的服务。为了能开播更多的节目和多媒体服务，并鼓励节目制作商及供应商提供更多更好的节目，广播电视要保证其持续不断的发展，最终要靠提供各种有偿的扩展和增值业务来保证，这其中关键便是条件接收技术。条件接收系统(CAS)就是为了商业目的而对某些广播服务实施接入控制，决定一个数字接收设备能否将特定的广播节目展现给最终用户的系统。条件接收技术要求既能使用户自由选择收看节目，又能保护广播业者的利益，确保只有已支付或即将支付费用的用户才能收看到所选的电视节目。在数字电视领域中，条件接收系统无疑将成为发展收费服务的必需条件。

4.1.1　条件接收系统的发展历程

条件接收经历了模拟和数字两代。第一代特征是以设备为基础，一般用于模拟系统。早在多年前，为了实现有线电视的更有效收费，在头端对模拟信号进行加扰，使得普通电视机无法收看，只有安装了解扰器的用户才能正常收看。这样的系统可以通过前端的寻址来控制单个用户的解扰器开关。系统可实现全频段加扰和频道加扰，实现方法通常采用视频倒相、水平同步重叠、垂直同步重叠、数字随机视频行抖动等方法，通常会对节目信号产生损耗。第二代是随着数字电视的出现而产生的，基本原理是采用加扰控制字加密传输的方法，用户端利用 IC 卡解密。由于采用数字技术，所以对信号没有损耗；同时系统的保密性、可靠性均大大提高。对传输流的加扰，DVB 已有标准；控制字的加密算法一般采用 RSA 和 3DES 算法加密体制。不同厂家的系统方法差别很大,技术大体有两种:一种是以 IRDETO 系统为代表的密码循环体制;另一种是以 NDS 系统为代表的利用专有算法保护(由于牵涉系统安全,厂家一般不会公开)。

数字电视的条件接收是一个比较复杂的问题,各个国家、各个公司都希望保护自己的技术,大家很难达成一致意见,最终 DVB 标准达成以下共识:

(1)两种加解扰方式共存于市场。第一种为同密(simulcrypt),同一个加扰节目可以用不同 CA 的密钥来解扰;第二种为多密(multicrypt),不同的加扰节目用不同 CA 的密钥来解扰。一般多密接收机通过一种公共接口(common interface)允许使用多种 CA 来实现加解扰。

(2)定义一种公共的加解扰算法,使消费者使用单一的解码器。

(3)要求条件接收的供应商提供进入数字解码器的接口方法。

(4)公布有条件接收公共接口的技术规格。

(5)起草反盗版建议。

(6)有条件接收系统供应商向其他数字电视生产厂商提供的产品必须是合情合理的产品,并且是禁止排斥公共接口的产品。

(7)有条件接收系统必须允许节目经营者之间的有条件控制转移,比如卫星有条件接收的节目进入有线网后,原有的有条件接收系统可以被新的有条件接收系统替换。

衡量有条件接收系统好坏的重要指标包括安全性、规模、功能完整性、使用性能等。系统安全性保证系统不被黑客攻破,系统能尽快恢复。一个系统能管理的用户数量体现了一个系统的能力,通常系统管理的用户数量,会对系统运行速度和服务质量产生影响。

4.1.2 条件接收系统的基本功能

条件接收只容许被授权的用户使用某一业务,未经授权的用户不能使用这一业务,条件接收系统正是实现这个功能的系统。

条件接收系统能实现各项数字电视广播业务的授权管理和接收控制,是数字电视接收控制的核心技术保障系统。系统可以根据不同情况对数字电视广播业务按时间、频道和节目进行管理控制。条件接收是现代信息加密技术在数字电视领域的具体应用,一方面实现了节目与业务信息的分类和管理,另一方面可实现节目的条件接收。条件接收是通过有效手段对各种服务业务实施不同的保护,对购买相应授权的用户进行控制。

1. 节目加扰与控制字保护

本质上讲，条件接收系统是一个端到端的寻址系统，其功能主要有两点：对节目进行加扰和控制字保护。

1）节目加扰

条件接收系统的核心是让合法用户能够收看其合法订购的节目，非法用户不能收看节目。为了达到这一目的，必须对节目流进行处理，打乱其数据包的格式和顺序，即所谓的加扰。数字机顶盒如果不能把加扰后的码流进行解扰，即还原为原始的数据包格式和顺序，解码器就无法解出图像。

加扰过程一般是通过专用硬件，即加扰器来实现的。加扰器的核心是加扰码流所使用的加扰算法。加扰码流时，加扰器根据输入的初始条件（即控制字），利用加扰算法对原始码流进行加扰。控制字不同，加扰后的码流也不同。

2）控制字保护

由于机顶盒的解码芯片不能解码加扰的节目流，所以为了能够收看节目，就必须把加扰的节目流进行还原，这个过程叫解扰。由于加扰码流时控制字不同，加扰产生的码流也不同，所以要想解扰码流，就必须得到该控制字。由于绝大多数数字电视前端设备提供商和机顶盒厂商都使用 DVB 组织定义的通用加/解扰算法，所以条件接收系统的核心实际上就是控制字的保护。

为了保证控制字能安全的从前端传递到机顶盒，必须对控制字进行加密。加密后的控制字传递到机顶盒端后，通过智能卡内部解密，就可以还原出原始的控制字。机顶盒内的解扰芯片得到该控制字后，可以解扰前端加扰过的码流。解扰后的码流送给解码芯片，就可以解出图像。

2. 授权方式

条件接收系统发展到今天，国内外有大大小小数十家公司在研发、销售各自的系统，各系统一般能提供以下几种基本授权方式。

1）节目定期预订

节目定期预订（subscription）又可以细分为分类分级方式和节目组合方式。分类分级方式用于创建嵌套的订购产品。用户购买节目时可以自己挑选想要收看的类，并在类中指定想要的级。也就是选定想要收看的产品。节目提供商添加相应的授权，通过 EMM 发送到用户的智能卡中，智能卡存储该授权。用户收看节目时只有节目的类等于卡中授权的类，并且小于或等于卡中授权的级时，才可以收看该节目。节目提供商需要定义不同产品来对应各类各级。分类分级方式虽然可以提供给用户比较自由的选择空间,但还是不够灵活。节目组合的方式应运而生,节目提供商可以把他的节目分成不同的节目列表。

2)节目分次预订

节目分次预订(PPV)是基于节目号实现节目的条件接收。节目提供商为每个将要播出的节目定义一个节目事件号。在节目播出前节目提供商通过 EMM 消息或其他的方式通知用户将要播出的节目和播出时间。用户通过打电话点播想要收看的节目,节目提供商添加对应的节目事件授权,通过 EMM 授权发送出去。用户接收到 EMM 后把授权存入卡中。到节目播出时,只要用户卡中存储的事件号和节目的事件号相同,用户即可收看。

3)节目即时购买

不同的节目号及价格,采用按次计费方式。节目即时购买的 IPPV 数据可经电话或电缆回传。即时购买的节目是最灵活的收看方式,节目提供商可以为每个即时购买的节目定好收看的费用、预览时间长度(以控制字计)。节目播出时用户可以预览一段节目,长短由节目提供商确定的预览时间长度决定。预览结束后会在屏幕上显示该节目的价钱,并询问用户是否购买收看该节目。如果用户选择购买,并输入正确的用户密码,那么就完成了节目的购买,而无须提前打电话预定节目。

以上的三种基本形式实际上可以将节目源进行任意定制组合,为不同爱好的观众提供最适合其特点的个性化服务,真正做到一切以人为本。

3. CA 选择条件

选择一个好的条件接收系统能对运营商的经营活动起到非常大的助力作用,一般来说 CA 系统的选择有如下原则:

(1)必须符合国际或国内标准;

(2)可以从小系统升级为大系统,在系统的升级过程中,不需更换智能卡、机顶盒;

(3)可以同时对数字电视和数据广播进行加密和加扰,对系统的加密必须是多次反复进行加密;

(4)具有先进、完善的功能化模块;

(5)具有良好的本地支持;

(6)所提供的独立加扰器,可与任何符合 DVB 标准的复用器、编码器集成;

(7)能与众多用户管理系统和计费系统集成;

(8)能够支持多家 STB(机顶盒)和中间件厂家;

(9)支持以后的业务开展,如 NVOD、VOD 电视商务;

(10)具有先进、合理、冗余的软、硬件配置。

4.1.3　条件接收系统的组成

条件接收系统能实现电视台各项业务的统一管理授权和控制。从技术角度看,该系统又是一个综合性的系统。集成了多种先进技术,包括系统调度管理、网络技术、数字压缩编码、加解扰技术、加解密技术、复用器技术、调制解调技术、机顶盒技术、智能卡技术等,同时也涉及用户管理、节目管理、收费管理等数据库方面的应用技术。

条件接收系统主要由其前端系统和终端系统组成,前端系统包括复用器、加扰器、加密系统、节目管理系统、授权管理系统等部分,终端系统主要包括智能卡和机顶盒。如图 4-1 所示。

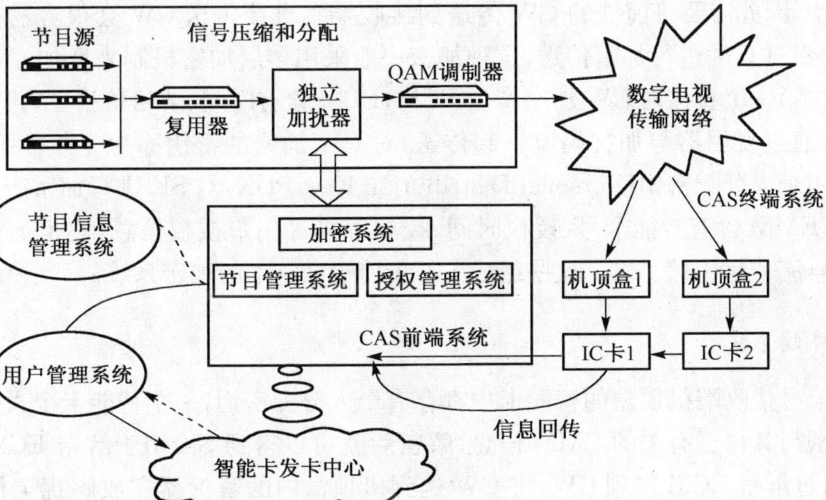

图 4-1　条件接收系统框图

1. 前端系统

前端系统主要分为两大部分,一是前端信号加扰部分,它是通过随机码发生器产生的随机码(称为控制字 CW)来控制加扰器对信号的加扰;二是前端加密部分。

1)加扰部分

数字化的音视频节目通过 ASI 接口传送到加扰器中,为了使 CA 系统能够正常工作，必须在加扰器中预先完成各项初始设置，使 CA 系统通过标准接口与加扰器建立好通信连接，并建立相关的 PMT、CAT 表等。加扰器开始加扰时，在信号的发送端，首先由控制字发生器产生控制字(CW)，将它提供给加扰器和加密系统。加扰器根据控制字发生器提供的控制字，对来自复用器的 TS 流进行加扰运算，此时，加扰器的输出结果为经过扰乱的 TS 流，控制字就是加扰器加扰所用的密钥。加密系统接收到来自控制字发生器的控制字后，根据用户授权系统(Subscriber Authorization System，SAS)提供的业务密钥对控制字进行加密运算，生成授权控制信息(ECM)。同时，加密系统对业务密钥(Service Key，SK)进行加密，生成授权管理信息(EMM)。经过这样一个过程产生的 ECM 和 EMM 信息均被送至加扰器，与被送至加扰器的图像、声音和数据信号比特流一起打包成 TS 流。

2)加密部分

要使加扰的信号在接收端被成功地解扰，接收端就必须有与加扰端相同的控制字进行解扰，因此需要将前端的 CW 传送到接收端。直接传送 CW 会很容易被黑客截获，为此要对 CW 进行加密传送，这种加密一般采用多层加密机制来增加 CW 传送的安全性。第一层直接对 CW 加密产生 ECM，ECM 含有时间、节目价格、节目授权控制等信息，通过复用器与加扰码流一起传送，对 CW 加密的密钥称为业务密钥；第二层加密是用个人分配密钥(Personal Distribution Key，PDK)对 SK 进行加密产生授权管理信息，FMM 含有智能卡号、授权时间、授权等级等用户授权信息，它也通过复用器与加扰码流一起传送。以上这些组成了 CA 前端最基本的加密系统。

2. 终端系统

在信号接收端机顶盒的智能卡中都存有个人分配密钥，一个智能卡个人分配密钥只能解密与其自己有关的 EMM 信息，解密后就可以得到 SK 用于解密 ECM 的所有信息；通过解密 ECM 得到 CW，将 CW 送到机顶盒内的解扰器完成解扰工作，ECM、EMM 解密过程都在智能卡的解密系统中完成。

在机顶盒中经过解调后的加扰比特流在开始时，控制字还没有恢复出来。该加扰比特流在没有解扰的情况下，由机顶盒的解扰器模块送至解复用器模块。由于 EMM 和 ECM 信号被放置于 TS 流包头的固定位置，因此解复用器便很容易地解出 ECM 和 EMM 信号。从解复用器出来的 ECM 和 EMM 信号，被分别送至智能卡中的解密器，从而恢复出控制字，并将其送至解扰器。恢复控制字的过程十分短暂，一旦在接收端恢复出正确的控制字以后，解扰器就能正常解扰，并将加扰比特流恢复成正常比特流。至此，用户可以正常收看节目。

3. 同密与多密

在 DVB 有关 CA 系统的标准中，定义了两种加扰方式，即同密和多密。同密技术使得前端可以使用多个 CA 系统，每个 CA 系统可以使用不同的加密系统加密各自的相关信息(CW、ECM、EMM 等)，但对节目内容的加扰必须采用同一个加扰算法和加扰控制字，这样可以保证当接收端使用不同的接收设备时能接收相同的数字电视节目。由此可见，使用同密技术后，可以方便多级运营商的管理，为多级运营商选择条件接收系统提供了灵活性。

多密技术主要是针对接收端而言的，用户可以采用多密方式接收不同的加扰/加密系统所加密的不同节目，在接收端可以使用公共接口协议，采用PCMCIA卡就可完成不同节目的解密/解扰的处理工作。

多密与同密的区别，简单而言，就是同密使用同一个 CW 对所有需被加扰的码流进行加扰，而多密则是根据需要，对不同的流使用不同的 CW 进行加扰。这就要求加扰器能同时生成多个 CW，并能根据 PID 值自动切换 CW，从而实现对不同码流的加扰。在内部控制和处理上，又较同密复杂。实际使用中，若能保证所生成的 CW 是一个良好的随机序列，则 CW 本身被破解的可能性几乎为零，这样就没有必要通过使用多个 CW 对不同流进行加扰这种方法来降低被破解后造成的损失。因此，目前国内各家电视台在实际应用中，都使用同密功能。

DVB 中的同密与多密都规定了标准接口，方便了多个 CA 系统的集成，同时也方便了用户。

4.1.4　条件接收系统的技术要求

有条件接收系统中的加解扰技术应满足以下基本技术要求。①加扰后的图像、语音要有足够的隐匿性，未经解扰时应无法收视收听。②解扰后的图像、语音与原图像相比，质量的变化应在允许范围内。系统的安全性要高，加扰方式不易被跟踪，窃密者不易用非法手段将加扰信号还原。用户端的解扰设备通用性要好、性能价格比要高。③加扰信号应符合现行电视传输系统对信号的要求。附载的解扰信息不应对本频道及其他频道的图像和伴音信号产生干扰。④解扰后的电视信号应符合 GB 3174—82《彩色电视广播》标准。

条件接收系统遵循以下标准：

- GB/T 17975. 1—2000《运动图像及其伴音信号的通用编码　第 1 部分 系统》
- GB/T 17975. 2—2000《运动图像及其伴音信号的通用编码　第 2 部分 视频》
- GB/T 17975. 3—2000《运动图像及其伴音信号的通用编码　第 3 部分 音频》

- GB/T 17975.9—2000《运动图像及其伴音信号的通用编码　第9部分 系统解码器的实时接口扩展》
- GB/T 16649—1996《智能卡接口规范》
- GB/T 17881—1999《广播电视光缆干线同步数字体系(SDH)传输接口技术规范》
- GB/T 17953—2000《4:2:2数字分量图像信号的接口》
- GY/T 106—1999《有线电视广播系统技术规范》
- GY/T 148—2000《卫星数字电视接收机技术要求》
- GY/T 158—2000《演播室数字音频信号接口》
- GY/T 160—2000《数字分量演播室接口中的附属数据信号格式》
- GY/T 161—2000《数字电视附属数据空间内数字音频和辅助数据的传输规范》
- GY/T 162—2000《高清晰度电视串行接口中作为附属数据信号的24比特数字音频格式》
- GY/T 163—2000《数字电视附属数据空间内时间码和控制码的传输格式》
- GY/T 164—2000《演播室串行数字光纤传输系统》
- GY/T 165—2000《电视中心播控系统数字播出通路技术指标和测量方法》
- GY/T 167—2000《数字分量演播室的同步基准信号》
- GY/T 170—2001《有线数字电视广播信道编码与调制规范》
- GY/Z 174—2001《数字电视广播业务信息规范》
- GY/Z 175—2001《数字电视广播条件接收系统规范》
- GY/T 180—2001《HFC网络上行传输物理通道技术规范》
- 《商用密码管理条例》(国务院第273号令,1999年10月7日发布)
- 《用户管理系统与监管平台数据交换接口技术要求》(暂行)
- 《运动图像及其伴音信号的通用编码系统、视频和音频部分的实施指南》(暂行)
- 《有线数字电视条件接收系统应用指南》(暂行)
- 《有线数字电视广播业务信息应用指南》(暂行)
- 《有线数字电视电子节目指南指导性意见》(暂行)
- 《有线数字电视中间件指导性意见》(暂行)
- 《有线数字电视机顶盒和遥控器功能实施指导意见》(暂行)
- 《节目订购单和用户结账单格式基本要求》(暂行)
- 《有线数字电视广播条件接收系统入网技术要求和测评方法》(暂行)
- 《有线数字电视广播用户管理系统入网技术要求和测评方法》(暂行)

4.2　加　扰　器

开展数字电视付费业务需要 CA 系统的支持，其中加扰器是十分关键的设备。

如图 4-2 所示，数据流经过复用器复用之后再传到加扰器对数据流进行加扰，加扰之后的数据流再经过调制器发送到用户端。

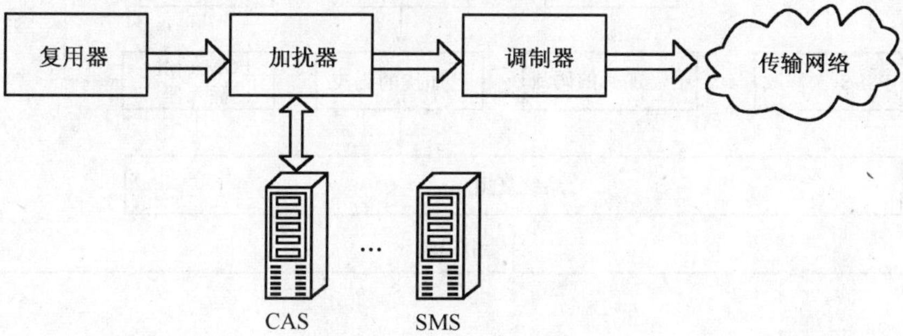

图 4-2　加扰器在系统中位置

加扰器是一种在条件接收系统控制下对 TS 中指定节目进行加扰，使授权用户能够正常收看，而非授权用户无权收看，从而实现系统运营商有条件收费管理的设备。通过采用 DVB 标准的通用加扰算法系统，及基于 TCP 的同密协议规范，加扰器实现与多个符合标准的 CA 系统的兼容。

4.2.1　加扰器的工作原理

1. 工作原理

图 4-3 为加扰器工作原理框图。

加扰器对输入的 TS 进行实时分析，找出需要加扰的数据流送给加扰模块，在同密同步器的控制下用指定的控制字对其进行加扰，同时修改相应的 PSI 表信息。同密同步器在产生 CW 后，在控制加扰模块的同时，将 CW 送给 CA 系统，由 CA 系统对 CW 加密后得到 ECM 密文信息并返还给加扰器，加扰器将 ECM 密文信息封装后插入码流中。另外，CA 系统还将用户的授权信息等内容打包成 EMM 密文信息发给独立加扰器，加扰器将 EMM 密文信息封装后插入码流中。

加扰器中的核心部分是加扰模块的实现和与 CA 系统的 ECM/EMM 通信部分。

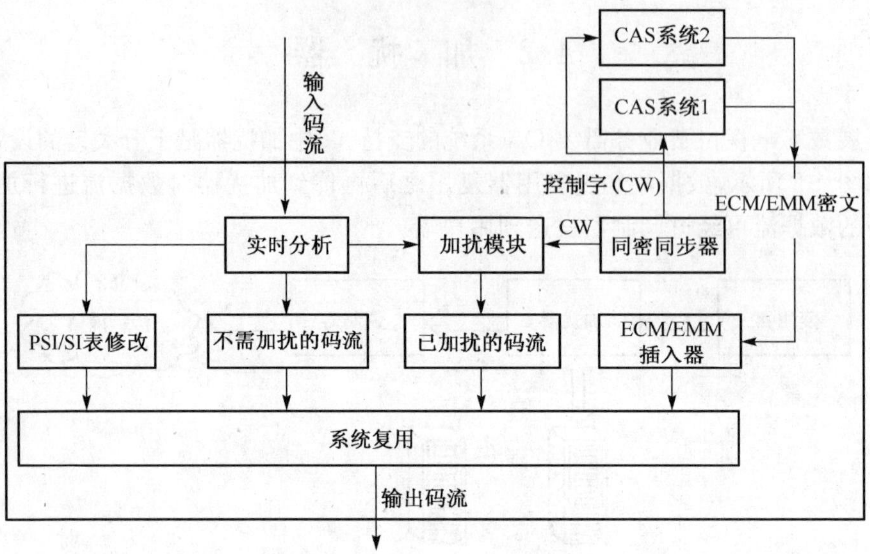

图 4-3　加扰器工作原理

加扰模块对需要加扰的数据，以 TS 包为单位进行数据加扰，为了防止加扰数据被破解，使用了复杂的数据处理方法。加扰模块由于需要处理的数据计算量非常大，一般使用硬件的方式来实现。

加扰器与 CA 系统通信主要分成两个部分，ECM 部分和 EMM 部分。在 ECM 部分，加扰器与 CA 系统服务器建立连接后，每隔一个密钥周期向 CA 系统服务器提交一次 CW 并获得相应的 ECM 密文信息。

2. 加扰器算法

DVB 的加扰算法采用 DVB 通用加扰方案(common scrambling algorithm)，加扰过程采用以下安全机制：控制字产生器和任何加扰器相关，将产生 64bit 的控制字序列；在所有加扰器和解扰器中都采用一致性机制，通过将 64bit 控制字转变成 64bit 通用密钥，从而控制解扰器的行为；加扰器既可以工作在 PES 层，又可以工作在 TS 层。

DVB 加扰机制采用两种不相关的密码机制，分组密码和流密码。分组密码是对 8 字节块进行操作，工作于翻转密码块链接模式，流密码作为一个伪随机字节产生器工作。

分组加密器使用 56bit 密钥和一个 SBOX 表，其中 SBOX 在 DVB 标准中有定义，处理一个 TS 包大约需要 1300 个周期。流密码加密器是一个基于 107bit 的寄存器和

SBOX 表的伪随机数据产生器，SBOX 在标准中有定义，处理一个 TS 包大约需要 800 个周期，加扰算法的实现过程如图 4-4 所示。

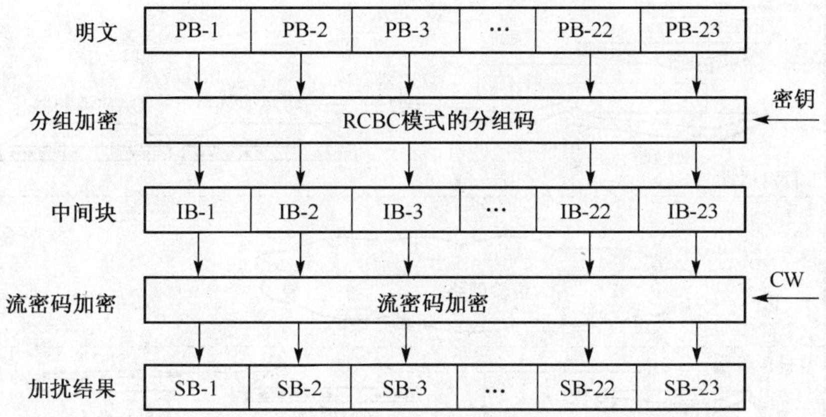

图 4-4　DVB 加扰算法

CW 控制加扰器对数据流进行加扰操作，同时通过业务密钥加密形成授权控制信息，并送到接收端。其中加扰器提供给每个 CAS 的用于传送 ECM、EMM 信息的带宽基本都控制在 1Mbit/s 以内。在一些文献中，ECM 在 PES 层已经加入，对于 PES 层加扰当然很适合；但是对于 TS 层加扰，实现 ECM 中含有的 CW 和写入加扰器的 CW 一致性（实际就是加扰和解扰的同步）比较困难。采用 ECM 在 TS 层加入，实现加解扰同步就容易得多。

4.2.2　加扰器的功能

实际使用中，加扰器产品按类型大致可以分为独立加扰器、复用加扰一体机、加扰调制一体机等。独立加扰器通常是每个加扰器针对一个 TS 流，加扰设备独立于复用器和调制器，位于节目传输通道。这种方式使设备的集成度不高，系统设备量相应增加，设备之间的外部连线增加，降低了系统的整体可靠性；另外由于每个流都需要一个独立加扰器，随着系统传输流的增加，系统整体的加扰方案费用也会增加。相比之下，无论与复用器集成的加扰方案，还是与调制器集成的加扰方案，都会在提高系统集成度的同时，提高系统的整体可靠性。但无论是哪种类型的加扰器产品，其加扰原理和功能都没有本质的区别。

DVB 系统对于传输流的加扰是在节目流复用之后、QAM 调制之前进行，因此无论采取哪种方式，即独立加扰器、复用器加扰卡，或是 QAM 之前，其加扰功能都是相似的，都可以对节目进行正常加扰。加扰器在使用过程中会有不同方式来完成对节目的加扰，如图 4-5 所示，一般情况下加扰器的使用有两种方式。

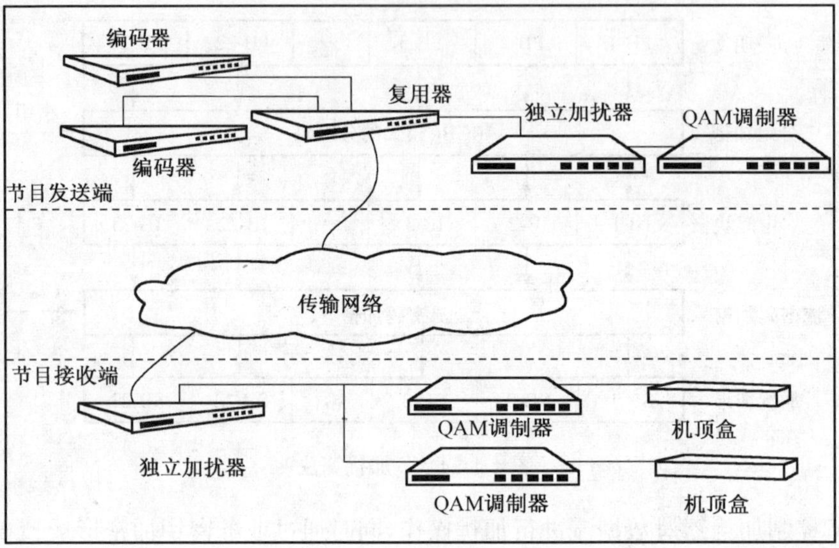

图 4-5　加扰器在数字传输系统中的位置

1)系统总前端

加扰用于前端接收复用器传输的信号，与条件接收系统相连，对节目进行加扰后输出到调制器，然后传输至终端。

2)系统分前端

如果需要在分前端对节目进行加扰，则可通过相关的传输方式(SDH、光纤等)将节目传输至分前端，将本地节目加入传输流中，由分前端与前端的 CA 服务器相连，完成本地节目加扰后通过传送到终端机顶盒接收。

加扰器的功能主要是对指定的节目或者基本传输流进行加扰，加扰器需要具有以下功能，才能保证系统的正常使用：

(1)输入支持单节目码流(SPTS)和多节目码流(MPTS)的输入；输入净码流 1～54Mbit/s，码率可以自适应；对输入的 188 包和 204 包可以自适应。

(2)加扰方面支持同密；能够兼容多个条件接收系统，可支持多级条件接收系统应用；保证对每路节目使用不同的控制字进行单独加扰。

(3)支持 EMM 和 ECM 数据插入，生成加扰控制字。

(4)可以处理与 CA 有关的 PSI 和 SI 表信息；对 PCR 进行重新标记。

(5)灵活方便的控制方式,可以实现集中网管和远程监控。

目前一般的加扰器产品还具有内部码流监测;配备双输入双输出接口,以实现接口冗余备份;支持软件在线升级等功能。

对加扰器而言,具备同密接口是一个硬性的技术指标,同密的目的是实现两家或者两家以上的条件接收系统应用于同一数字电视网络中,从而为设备提供商、条件接收系统运营商和用户提供一个竞争的平台,使用户真正得到良好的服务。但在实际使用时却既有优势又有劣势。

一方面,具备同密接口意味着前端可以同时与两家或两家以上的CA系统联通,避免整个前端和终端系统受限于同一CA公司,以确保整个系统安全、稳定地运行;另一方面,网络带宽通常是固定不变的,同时采用多个CA,意味着码流中ECM和EMM的带宽也会相应的扩大两倍或多倍,这时能分配给音视频流的带宽自然也就相应减少,尤其是当用户数量巨大时,这种影响更显而易见。因此,在实际使用时通常都会根据具体情况酌情使用。当然,具备同密接口的加扰器其内部处理机制相对于不具备同密接口的加扰器而言要复杂得多,这不仅体现在与CAS的通信上,还体现在其内部对ECM循环播出的控制上。

4.2.3　加扰器的测试

作为节目加扰的环节,加扰器的性能对数字电视的系统稳定性和性能有比较重要的作用。加扰器的测试必须由CA配合,加扰器的测试包括以下具体的测试项目。

1. CA连接测试

CA连接测试指与CA的配合,以及对用户使用的CA系统的支持,在这里要注意异常情况的测试。例如,在加扰器正常对节目加扰后,断开CA系统,过一段时间,再接上CA系统,反复测试,加扰器应能在断开有故障时报警,并能自动恢复,在此过程中应不影响机顶盒的正常解码和节目收看。

2. 安全性、可靠性测试

当有两套CA系统作为主备方案时,断开主CA系统,加扰器应能自动切换到备份CA系统。注意,需要在加扰器上正确设置备用CA系统的参数。

3. 设备参数

调整加扰器输入码流的码率,测试加扰器能处理的最高码率以及加扰器能设置的最高输出码率。观察加扰器的加扰码流输出是否正常,机顶盒能否正常解码。

4. 同密功能的测试

用多套不同的 CA 系统，同时与加扰器建立连接，测试加扰器的同密支持能力。在正常情况下，各 CA 系统所属的机顶盒均应能正常工作，能同时连接的 CA 系统需至少在 3 个以上。

5. 特殊码流测试

使用加扰器对输入节目的视频和音频分别单独进行加扰，再使用机顶盒测试效果。加扰和未加扰的部分应能互不影响，不管有无授权，未加扰的部分应能正常单独解码。注意，此功能需要在能正确支持的机顶盒上测试，某些机顶盒在音频无法解码时也会导致视频无法解码。

使用节目源中已有加扰节目的码流，测试加扰器的多级 CAS 支持功能。在搜索节目时，加扰器应能识别已加扰的节目，并可继续对未加扰的节目进行加扰，两套加扰系统应能互不影响。

在加扰器输出码流保留的 EMM 带宽足够的情况下，通过 CA 系统的 EMM 设置，测试加扰器的 EMM 复用能力。EMM 插入带宽应尽可能高，一般要求在 2Mbit/s 以上。注意，加扰器设置的输出码率与输入的有效码率间需要有一个足够的差值，作为 EMM 插入的预留带宽。

4.3 条件接收系统

条件接收系统(CAS)是数字电视广播(DVB)实行收费所必须采用的系统，也是数字电视平台不可缺少的部分，CAS 负责完成用户授权控制与管理信息的获取、生成、加密、发送、节目调度控制等工作，保证只有已被授权的用户才能收看节目，从而保护节目制作商和广播运营商的利益。

4.3.1 条件接收的工作原理

在讲述原理之前，先了解两个在 CA 设备中容易混淆的概念，一个是加解扰，另一个是加解密。加解扰技术被用来在发送端 CA 系统的控制下改变或控制被传送的服务(节目)的某些特征，使未被授权的用户无法获取该服务提供的利益；而加密技术被用来在发送端提供一个加密信息，使被授权的用户端解扰器能以此来对数据解扰。该信息受 CA 系统控制，并以加密形式配置在传输流信息中以防止非授权用户直接利用该信息进行解扰。不同的 CA 系统管理和传送该信息的方法有很大不同，目前的加扰方法是使用加扰序列控制对音视频流进行扰动，通过加扰序列和音视频流之间的位运算达到加扰服务或者节目的目的。

1. 条件接收的工作原理

通常，一个 CA 系统由工作密钥、加扰密钥和主密钥构成，用户只有得到这三个密钥才能正确地解扰出节目信息。如何将这三个密钥安全的传送到用户手上，是一个 CA 系统的关键所在。CA 系统中传送的信息可分为公有信息和私有信息。公有信息是传输给所有用户的关于 CA 信息的，包含节目信息（如该节目的视听费用、限制级别等）和控制信息，同时还包含加扰密钥；私有信息是传送给某个特定用户的关于该用户权限的信息，通过它可以更改用户的权限，同时还包含工作密钥。

通过主密钥可以解出工作密钥和其他私有信息，通过工作密钥又可以解出加扰密钥和公有信息，有了加扰密钥就可以解出相应的加扰节目。

条件接收系统的结构框图如图 4-6 所示。

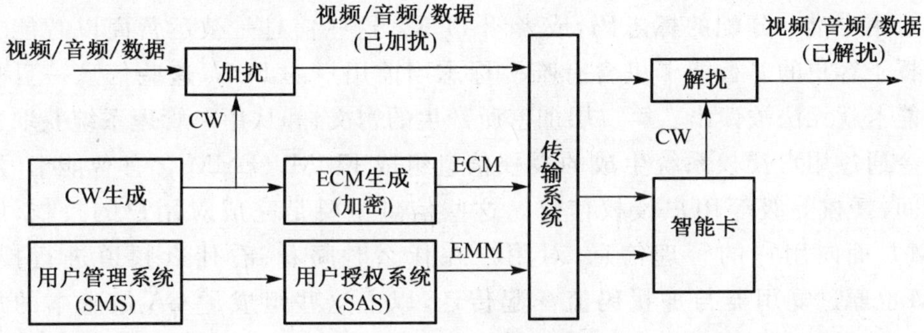

图 4-6　条件接收系统框图

CW 为控制字，相当于加扰密钥，通常可不断改变；授权控制信息相当于公有信息，提供特定的控制字或基于码流的解扰和控制参数；授权管理信息相当于私有信息，除了有智能卡识别符，还提供特定的用户的权限。它一般传输给特定的用户或用户群，告诉智能卡哪些节目可以解扰以及实现的权限。EMM 通常定期（如一个月）改变后传输给用户，用于更新和保持用户的权限。

SMS 为用户管理系统，存储用户的信息和管理用户的权限和账户，它给用户授权系统（SAS）发送控制智能卡的命令，从而达到控制用户权限的目的；SAS 担负着传输权限消息给智能卡的任务，接收来自 SMS 的命令，将其转化为加密的 EMM 信息输出。它可以连接到多个不同的 SMS 上。

2. 加密过程

用户解扰的关键就是得到正确的 CW，而 CW 随着有用信号通过公用信道传输。所以说，CAS 的加密实际就是对 CW 的加密，以防止非授权用户的侵入。

要使加扰的信号在接收端成功地解扰，接收端也必须有和加扰端一模一样的控制字来控制解扰器，所以，要将前端的 CW 传送到接收端。如果直接传送会很容易被黑客截获而使 CAS 失去作用，为此，要对 CW 进行加密传送，这种加密是一种多层加密机制，从而增加 CW 传送的安全性。

第一层直接对 CW 加密。采用业务密钥 SK 对 CW 加密，所产生的密文称为 ECM，通过复用器与加扰的码流一起传送。ECM 还含有时间、节目价格、节目授权控制等信息，因此 ECM 是面向节目的管理信息。SK 通常又称为月密钥，每月换一次，每换一次，系统都要重新对所有用户进行授权。

第二层加密是用个人分配密钥（PDK）对 SK 进行加密。这次加密是根据整个系统中能够唯一标志一个用户的信息进行的。所谓的唯一标志就是各个加密系统对用户唯一分配的标志码，或者叫 PDK。这些信息是被运营商以智能卡的形式授予客户的。智能卡里含有唯一标志当前用户的 PDK，这些信息一旦被烧进智能卡就无法被读出。第二层加密所产生的密文，和从用户管理系统获取的授权指令通过用户授权系统生成的授权信息组成 EMM。EMM 含有智能卡号、授权时间、授权等级等用户授权信息。这些信息主要是完成对用户的授权，因此 EMM 是面向用户的管理信息，对用户在什么时间看、看什么频道进行授权。EMM 也通过复用器与加扰码流一起传送，以上这些组成了 CA 最基本的加密系统。

3. ECM/EMM 传输

如上所述，ECM 包含特定的控制字或基于码流的解扰和控制参数，EMM 除了有智能卡识别符，还提供特定的用户的权限。ECM 与 EMM 消息相辅相成，共同作用，并结合加扰、加密及认证技术，实现对用户多种节目有条件接收的控制。用户接收机利用 ECM、EMM 信息及智能卡中的解密器，恢复出控制字，通过解扰器完成节目解扰。

EMM 或 ECM 信息组成 TS 包后插入节目码流一起传输。ECM/EMM 包格式如图 4-7 所示。K1 为加密后的控制字 CW，也就是加密电视节目流用的数据，共 64

位(8 个字节);K2 为加密后的 SK。EMM 中用户授权字段每 2 个字节为 1 组用户,每个 EMM 包中有 84 个用户。

表ID 80或81	1字节	1字节	8字节密钥K1	CRC4字节	随机数169字节

(a)ECM包格式

表ID 82～8F	1字节 保留	1字节 保留	8字节的密钥K2	163字节用户授权	CRC4字节

用户号1个字节	保留3位	用户等级4位	用户状态1位

(b)EMM包格式

图 4-7 ECM/EMM 包格式

TS 流是连续不断的实时信号,条件信号并不可以任意加入其中。不过,TS 流中存在大量的空包,可以通过空包替换的方法实现条件包的加入。在代替空包时,有用信息代替空包中的前一部分,和余下空包中的内容共同构成 TS 包。

PSI 信息中条件接收表(CAT)提供了一个或多个 CA 系统与 ECM/EMM 信息之间的联系,每个 CA 系统都对应一个 CA_PID。CAT 中最重要的字段是 CA_descriptor,它标识了含有 ECM 或者 EMM 信息的 TS 包的 PID,即 CA_PID。当 CA_descriptor 出现在 PMT 中时,CA_PID 指向含有 ECM 信息的 TS 包;当 CA_descriptor 出现在 CAT 中时,CA_PID 指向含有 EMM 信息的 TS 包。

SK 信息变化很慢,EMM 包和 CAT 表只需满足在刚开机时用户能迅速找到 SK 就行。ECM 包替代空包比 CAT 或 EMM 包严格得多,因为 CW 变化快,并且要使 ECM 包内的 CW 和写入加扰器的 CW 同步,以便保证正确解扰。

ECM 包的 table_id 有两个:0x80 和 0x81,为了方便接收端解扰,只有 ECM 包含新的 CW 时发生变化。如果 table_id 没有发生变化,接收端就可以不处理这个 ECM 包,继续沿用以前的 CW。EMM 只有一个时,可以把它放入 CAT 包;如果有多个时,可单独形成 EMM 包,通过 CAT 包中的描述符确定其 PID。

4.3.2 条件接收的加密算法与密钥

有条件接收包括两部分关键技术,利用控制字对传输流加解扰和通过安全传输控制字到经过授权的接收者。对传输流加解扰是为了保证传输安全而对广播服务或者节目进行的一种加解密方法,使得未经授权的接收者不能得到正确的音视频流。

CA 系统是实现数字电视节目加密、收费的主要工具,自身的安全性非常重要。单独基于密钥或者算法的CA系统加密强度低，安全性较差。安全的CA系统应该采用多级密钥和算法相结合的立体加密体系。下面从算法和密钥两方面进行说明。

1. 算法

从算法入手是破解CA的最直接方法。CA系统一般采用两种措施来对付算法破解，一是加长密钥，根据香农定理，信息的容量与其长度成指数关系，密文的信息量越大，破解的难度越大。二是采用多重算法，根据密码学原理，加密系统有四个要素，即密文＝算法（明文，密钥）。在大部分的加密应用中，明文和密钥是被保护的对象，四个要素中有一半是未知的，安全性比较高。但在数字广播的实际应用中，明文与密文是可截取的，而一个可靠的加密系统采用的算法应该是可以公开的，所以采用单一算法的CA系统，只有一个未知要素，比较容易被解析或穷举方法破解。但是如果采用多重算法，情况就完全不相同了，因为密文＝算法2（算法1（明文，密钥1），密钥2），所以整个系统中有六个要素，其中三个是未知的，这就大大增强了安全性，使解析法的破解几乎没有可能，如果再配合长密钥和时间因子，那么穷举法也非常难破解。

1）加密体系

CA系统所使用的算法都必须符合国家商用密码管理委员会商用算法标准，并且应该把多种算法经过多种组合使用，如使用了64种算法，就有264种组合方式，并且每次使用的组合数量不定，这样就加大了破解的难度，使之完全具有基于算法的CAS的加密强度。

为了解决基于算法的加密体系的保密仅仅依赖于算法保密性的问题，可以使之与多级密钥机制结合起来，形成一套行之有效的加密方法，从密钥到算法，从前端CAS到末端IC卡，形成一个全方位的加密体系。

2）加密算法

在为加密CAS数据（包括ECM、EMM）选取加密算法时，考虑到目前IC卡所支持的安全算法现状，如果完全采用国家的算法，在IC卡中无法用硬件实现，影响了计算速度。如果完全采用国际流行的商用算法（如Trides、AES、RSA），则不符合我国相关的安全条例。CA系统应该用特殊的加、解密算法，所有的对称算法强度都不能低于3DES或者AES，非对称算法强度不能低于RSA。

3)更换算法

由于算法的标准性和公开性,其安全性并不是绝对的,顶级黑客有可能破解算法。但是没有密钥,即使黑客掌握了算法,也不能破解 CA 系统并制造出盗版卡。另外,CA 系统应该采用多种算法相结合的加密体系,这些算法是随机组合的,而且前端是定时或者不定时的更换算法的,所以破解某一个算法对 CA 系统的威胁性并不是致命的。

另外,如果出现算法被破解的情况,CAS 可以通过更换智能卡算法来应付。更换算法有两种途径:一是空中升级,二是通过营业厅专用设备进行升级。空中升级是指智能卡的在线升级,可能会被认为是不安全的,但空中升级的数据是通过密钥加密传输的,如果破解者没有及时得到最新密钥,也就不可能破解更换后的算法。通过营业厅专用设备的升级是最安全的,但需要通过收回智能卡,再更新智能卡中的算法。

2. 密钥

对于黑客来说,最直接破解 CA 系统的方法之一就是获得 CA 系统的密钥,如果获得了 CA 系统密钥,那么加扰控制字就直接暴露给黑客了。只有采用一套安全、可靠的密钥管理体系才能保证 CA 系统的安全。

为了防止密钥在传送中被黑客截获,一般采用双密钥法,对每一用户分配一对密钥,其中一个是使用者本人掌握的密钥称为私有密钥,它只用于解密,通常这个密钥都存储在用户智能卡中。另一个是公开密钥,它只用于加密,两个密钥通过算法结成一一对应关系,只有通过对应的私有密钥才能解开用公开密钥所加的密。这是一种称为数字签名的认证过程。授权采用中心寻址与智能卡共用的方式,其过程如下。

机顶盒检测到 DVB 码流如果是加扰码流,则驱动读卡器工作,将智能卡管理程序调入中央处理器启动运行,将智能卡的卡号读出。在传输流中寻找 PSI,在 PSI 中找到 CAT,根据 CAT 中给出的 EMM 包标识码,找到相应的 EMM 信息,然后将智能卡的卡号与 EMM 内的授权信息中的卡号进行校对,也就是进行寻址比较操作,如果校对无效,在屏幕上将有提示还未经授权不能收看的相关信息显示。如果校对成功则将 ECM 和 EMM 传送给智能卡,在智能卡内调用解密程序(为了增强 CAS 的安全性,整个解密过程都在智能卡里进行),用智能卡中的私有密钥(PDK)对 EMM、ECM 进行逐层解密得到 SK,并得到 CW,将 CW 送回机顶盒完成对节目码流的解扰。同时将密钥 SK 存储在智能卡中,今后的解密和解扰直接调用卡中的 SK 就可以了,不需要重复执行授权过程，此时系统只需传送 ECM 就行了(因为一般来说每 5～10s 换一次 CW，所以 ECM 也要每 5～10s 发送一次)，只有当运营商要更新 SK 时才开始一个新的授权过程，通常每更新一次 SK，运营商都要用几天的时间(具体可根据用户的多少来确定)不断发送 EMM 给用户进行授权。如果有些用户由于其他原因在授权期间没有开机，可通过电话联系，由前端确认后，向该用户发送专用的 EMM。

1)多级密钥体系

安全的 CA 系统应该采用目前国际上公认的、成熟的多级密钥管理体系。整个系统采用多级密钥，不但可以实现一卡一密(不同运营商的用户卡的多级密钥是不可能相同的)，而且每个密钥都不会少于 128 位，有些重要密钥的长度可以达到 1024 位。

2)密钥独立性

各个运营商 CA 系统的根密钥是这样产生的：由运营商的几个代表每人输入一段文字(或数字)给加密机，加密机中处理这些信息得出一个初始化因子，然后加密机中产生一个随机数，与这个初始化因子经过一定的运算产生各自运营商的根密钥。由此可见，各个运营商的根密钥相同的概率几乎是零。在各个运营商根密钥的基础上，产生出多级密钥，每张卡的多级密钥相同的概率也几乎为零。

考虑到数据的规律性，CA 系统的加密机在加密 ECM、EMM 数据时，对于可能被猜到的数据(如当前时间等)都加入了随机数，随机数也是由加密机产生的，与操作系统无关，杜绝了通过破解操作系统(如找到操作系统的漏洞)来获取数据的途径。这些数据再经过加密机的统一签名、加密处理，已经没有任何规律可循。

这样，建立在几乎不可能相同的多级密钥基础上的 CAS 条件接收系统具有很强的独立性，即使有的运营商被攻破了，也不会影响其他的运营商。

3)更换密钥

如果发生了最坏的情况，也就是盗版者利用管理的疏漏或者通过其他的手段获得了 CA 系统的智能卡密钥，这将不可避免地给运营商造成一定的经济损失。但是由于 CA 系统的智能卡密钥每张卡都是不同，盗版者也只能通过获得的某张卡的密钥来仿制盗版卡。正常情况下，盗版者是不可能获得智能卡的根密钥的，这时可以通过更换智能卡根密钥的方式来治理盗版卡。如果盗版者获得的是根密钥，没有获得智能卡的私密钥，那么可以通过停用盗版卡，更换被盗版卡的根密钥的方式来治理。如果盗版者获得了根密钥和私密钥，那么可以通过更换智能卡的方法来治理。

CA系统采用多级密钥和算法相结合的立体加密体系，大大增加了系统的安全性，增加了攻破的难度，为运营商的运营提供了可靠保障。

4.4　条件接收系统检测

4.4.1　条件接收系统的功能检测

1. 发卡

被检测系统应能执行发卡功能。由检测机构提供测试密钥参数，分别在前端和用户卡进行PK协商，并用协商出来的PK对标准明文数据进行加密，加密结果必须与标准检测密文数据一致。

2. 加扰

被检测系统应能执行加扰功能。由检测机构提供标准测试码流（清流及加扰流）及标准控制字，被检测系统对标准测试清流控制字进行加扰，在传输信道上截获加扰码流，与标准加扰码流进行对比，必须一致。

3. 解扰

被检测系统应能执行解扰功能。由检测机构提供标准测试码流（加扰码流）及标准控制字，被检测系统对标准加扰码流采用标准控制字进行解扰后，能对码流进行解码输出正确的数字电视节目音视频。

4. 授权

被检测系统应能对指定用户卡授予观看加扰数字电视节目的权利。对指定用户卡进行授权，使用用户卡就可收看加扰的数字电视节目；进行反授权，使用用户卡不能收看加扰的数字电视节目。

5. 密钥体系

分别对PK加密DK、DK加密SK、SK加密CW进行检测。要求对在传输信道上截获的授权管理信息和授权控制信息与发送的标准密文分发密钥、标准密文业务密钥和标准密文控制字进行比较，必须一致。

6. 解密控制字

被检测系统应能执行业务密钥 SK 解密控制字，并将明文控制字送解扰进行码流解扰。被检测系统对标准测试码流进行加扰，在传输信道上获得授权控制信息，对加扰后码流进行明文控制字解扰后，能对码流进行解码输出正确的数字电视节目音视频。

7. 密钥更换

需要分别对 PK、DK、SK、CW 进行更换，变更后的 DK、SK 密文不一致。变更 SK，重新执行 DK 加密 SK 并传输到用户卡后，应能收看节目。对于 CW，在信道上截获一段时间后，从中提取的 CW 应与 CW 周期变更的规律和被检测系统的设置一致。

4.4.2 条件接收系统的性能检测

1. 发卡

被检测系统发卡速率≤60s/张。

2. 加扰

被检测系统加扰速率≥100Mbit/s。

3. 解扰

被检测系统解扰速率≥6Mbit/s。

4. 密钥加密

被检测系统密钥加密速率≥100Mbit/s。

5. 密钥解密

被检测系统密钥解密速率≥15kbit/s。

第 5 章　用户管理系统

用户管理系统(SMS)是一个贯穿计费、客服、账务、产品、资源管理各个环节，支撑数字电视业务运营的核心系统，为数字电视业务的运营提供支撑和服务。SMS 实现数字电视广播条件接收用户的管理，包括对用户信息、用户设备信息、用户预定信息、用户授权信息、财务信息等进行记录、处理、维护和管理的系统。SMS 采用数字技术、网络技术和数据库技术，对用户订购数字电视产品进行服务，是满足广电系统数字电视和其他业务运营管理所需要的一套综合性软件。它集用户管理、收费/账务、客户服务、统计分析、决策支持、客户关系管理等功能于一体，是网络运营商开展数字电视和其他增值业务不可或缺的生产工具。

本章介绍 SMS 基本结构、功能及技术要求和评测方法，同时简单介绍新一代业务运营管理系统业务运营支撑系统(Business Operation Support System，BOSS)。

5.1　用户管理系统概述

5.1.1　数字电视价值链

数字电视采用数字信号处理技术，提供节目容量更大、节目质量更高、节目形式更丰富的广播电视业务，将发展为一项全新的数字视听服务，极大地拓展广播电视的服务范围，为观众提供更多的选择机会。同时数字电视平台完全可以继续承载公共服务体系、市场运营体系、政府管理体系的功能，但数字电视的未来收入主要应该来源于收费电视。数字电视的发展并不会减弱广播电视的社会功能，相反由于渠道的大量增加，可以承载更多的政府和公共服务信息。

数字电视时代，广播电视运营商可能更像一个节目分销商，通过向用户传输节目内容，收取节目收视费用实现收益。理想的数字电视产业运行的价值链如图 5-1 所示，形成从内容制作(节目)—集成/包装—播出—终端展示(用户)完整的价值链。

SMS 将在数字电视运营商实现价值的过程中发挥重要作用：

(1)大幅度提高企业的运作效率，降低劳动强度；

(2)及时反映企业的经营状况，为正确决策提供依据；

(3)分析用户收视喜好、投诉等信息，及时处理及提供有针对性的服务内容；

(4)发掘有价值的客户群，为大客户提供更好的服务。

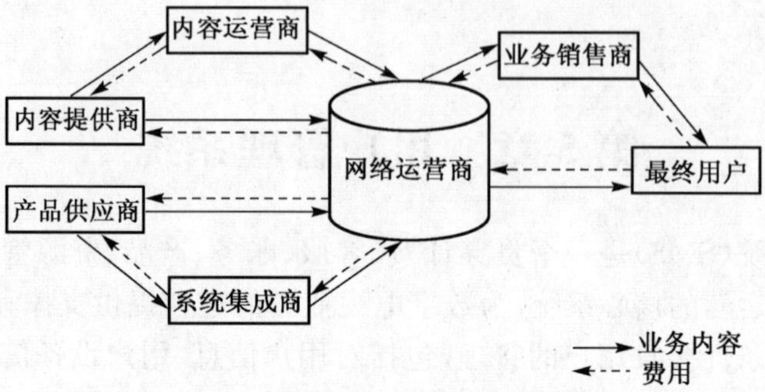

图 5-1　数字电视价值链

5.1.2　用户管理系统的应用

用户管理系统为数字电视业务管理和经营模式提供一个完整、有效的管理和支持系统。实现对用户的综合管理，对各种业务服务的统一管理，同时还提供便于节目提供商控制管理的功能。用户管理系统作为数字电视系统的重要组成部分，在数字电视系统中典型的应用见图 5-2。

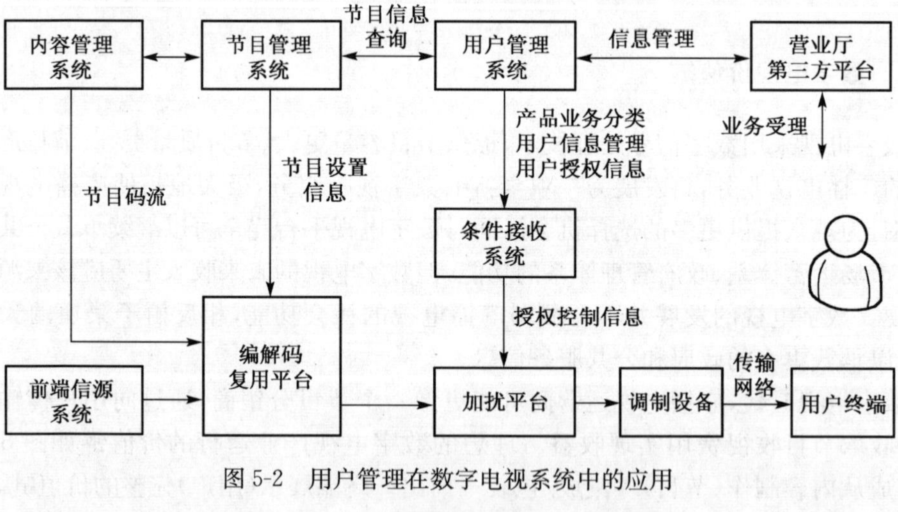

图 5-2　用户管理在数字电视系统中的应用

SMS 根据营业部门提供的用户订购信息，通过节目管理系统及 CA 系统给用户进行相关节目的订购观看授权，用户授权信息随节目码流传送到用户终端，付费用户就能收看到预订的节目。

5.1.3　用户管理系统的逻辑结构

用户管理系统在逻辑上可采用分层结构，如分为接入层、业务层、数据层等。各个层次之间可通过功能模块调用方式实现互联，层的内部也可采用功能模块的结构。如图5-3所示。

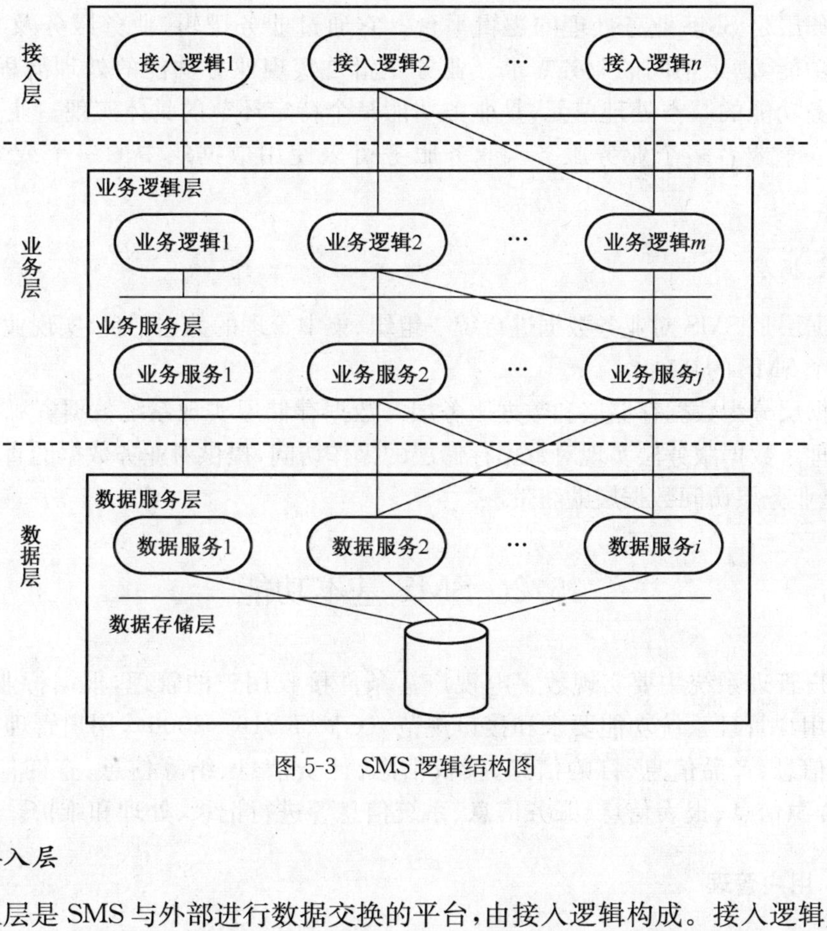

图5-3　SMS逻辑结构图

1. 接入层

接入层是SMS与外部进行数据交换的平台，由接入逻辑构成。接入逻辑是SMS与系统使用者之间的一个或一组数据交换过程，它可以使用业务层中的一个或多个业务逻辑。

接入逻辑可分为界面逻辑和接口服务。对于系统使用者，它可以提供多样化的界面逻辑，实现对业务逻辑的共享；对于与SMS相连的外部系统，它向业务层提供一组接口服务，业务层通过接口服务完成与外部系统的数据交换。

在具体的接入方式上，系统可以采用 Web、电话/传真、WAP 等方式接入。在接口方式上，系统可以采用 Socket、WebServices、FTP、RMI、XML、JMS 等接口，具体采用何种方式与相连接的外部系统有关，原则上应保证接口实现的简单、高效和安全。

2. 业务层

业务层是 SMS 业务处理的逻辑平台。它通过业务逻辑、业务服务及其组合实现业务功能，满足不同的业务需求。业务逻辑是实现业务功能的处理流程；业务服务是业务功能的基本处理单元，是业务功能某个特定环节的具体实现。业务逻辑可以使用一个或者多个业务服务。业务服务可以使用数据层中的一个或多个数据服务。

3. 数据层

数据层是 SMS 对业务数据进行统一组织、集中管理的数据平台，实现业务数据共享是整个 SMS 的基础。

数据层分为数据存储层和数据服务层。数据存储层实现系统数据资源的统一存储和管理。数据服务层实现对数据存储层的操作访问，提供对业务数据的直接访问和控制，是业务层访问数据层的纽带。

5.2　SMS 基本功能

用户管理系统主要实现数字电视广播条件接收用户的管理，根据行业标准《数字电视用户管理系统功能要求和接口规范》(GY/T 216—2006)，用户管理系统包括对用户信息、产品信息、订购信息、授权信息、计费信息、结算信息、查询信息、接口信息、资源信息、报表信息、账务信息、系统信息等进行记录、处理和维护。

5.2.1　用户管理

用户管理负责完成登记、处理与维护数字电视用户的基本信息，并将相关信息传递给条件接收系统。基本功能分别为用户信息注册、用户信息修改、用户信息查询、用户信息注销。用户基本信息包括用户编号、姓名、证件类型、证件号码、联系方式、账号、装机地址及备注等。

5.2.2　产品管理

产品管理负责将数字电视节目(含服务)进行组合形成产品,并对节目、产品及其相关的信息进行录入、打包、修改和删除管理。根据各地节目内容情况,一般分为基本节目包、付费节目包、增值节目包等多个类别产品。

节目信息一般包括节目编号、节目名称、节目提供商、节目类型和状态等信息。

产品信息一般包括产品编号、产品 ID(与 CA 对应)、产品名称、计费类型、产品提供商、产品类型、产品费用、有效期和状态等信息。

5.2.3　订购管理

订购管理负责用户订购产品信息的管理。它包括订购信息的生成、修改、查询和取消,同时支持对用户订购产品信息的查询、订购产品的暂停/恢复等功能。

订购信息一般包括用户购买的数字电视产品信息、用户信息、购买日期、购买价格、服务期限等。产品订购可支持一个用户购买多个产品服务,如用户可同时购买基本节目包和增值节目包。

5.2.4　授权管理

授权管理负责对用户订购数字电视产品进行开通、关闭、暂停/恢复、重授权等实际操作。同时支持查询订购产品的授权状态以及授权的处理情况,保证了 IC 卡的有效性,提高了用户的满意度和信用度。

5.2.5　计费管理

计费管理负责根据资费政策、产品价格策略、产品信息、客户信息、用户信息、用户的消费记录进行费用计算,主要包括费用定义(根据不同软硬件成本定义价格)、产品计费、设备计费、人员计费、明细查询等。计费管理在实际的运营发展中可为运营商提供多种产品、业务、人员服务等打包方式的费用定义,通过按月、年、预付费和后付费等众多计费形式,完善了运营商对用户费用的收取方式。

5.2.6　结算管理

结算管理对分账实体信息、分账规则信息进行管理,并根据分账规则和消费明细进行分账结算、对账。

结算管理一般包括以下功能:

(1)分账实体信息维护,对分账实体信息进行添加、修改、删除、查询;
(2)分账规则维护,对分账规则进行添加、修改、删除、查询;
(3)结算分账,对分账实体之间的既得收益按照分账规则进行统计及分成计算;
(4)对账,向分账实体提供数据稽核、对账处理的功能。

5.2.7 查询管理

查询管理完成对数字电视用户信息、产品信息、订购信息、授权信息、资源信息、费用信息、客服信息、屏显信息等的统计查询,方便运营商直观了解用户及自身的各种信息状况。

5.2.8 接口管理

接口管理是对连接 SMS 系统的外部接口进行管理,实现安全的数据交换。一般接口主要有 SMS 与 CAS 的接口、SMS 与金融系统的接口、SMS 与客服系统的接口等。

1. SMS 与 CAS 的接口

SMS 与 CAS 的接口实现 SMS 与 CAS 之间的数据交换,实现 SMS 与 CAS 的连接测试、启用智能卡、停用智能卡、发送授权、取消授权、发送屏显消息、发送电视邮件、机卡配对、取消机卡配对、重置智能卡密码、设置特征值信息、获取智能卡信息、获取授权信息等功能。SMS 与 CAS 接口主要功能如表 5-1 所示。

表 5-1　SMS 与 CAS 接口的主要功能

序号	主要功能	说　明	发起者	主 要 参 数	主要返回数据
1	建立连接	与 CAS 建立连接	SMS	—流水号 —请求类型 —CAS 分配给 SMS 的操作 ID	返回码
2	启用智能卡	启用指定的智能卡①	SMS	—流水号 —请求类型 —CAS 分配给 SMS 的操作 ID —智能卡号	返回码

续表

序号	主要功能	说 明	发起者	主要参数	主要返回数据
3	停用智能卡	停用指定的智能卡①	SMS	—流水号 —请求类型 —CAS 分配给 SMS 的操作 ID —智能卡号	返回码
4	发送授权	对指定的智能卡发送指定产品的授权	SMS	—流水号 —请求类型 —智能卡号 —CAS定义、使用的产品 ID	返回码
5	取消授权	对指定的智能卡取消指定产品的授权	SMS	—流水号 —请求类型 —智能卡号 —CAS定义、使用的产品 ID	返回码
6	发送屏显消息	对指定的或全体的用户发送屏显消息	SMS	—流水号 —请求类型 —智能卡号或其他终端设备 ID② —屏显消息内容	返回码
7	发送电视邮件	对指定的或全体的用户发送电视邮件	SMS	—流水号 —请求类型 —智能卡号② —电视邮件标题② —电视邮件内容	返回码
8	机卡配对	对指定的智能卡和机顶盒进行配对	SMS	—流水号 —请求类型 —智能卡号 —机顶盒号②	返回码
9	取消机卡配对	取消指定的智能卡和机顶盒的配对	SMS	—流水号 —请求类型 —智能卡号 —机顶盒号	返回码

续表

序号	主要功能	说　明	发起者	主要参数	主要返回数据
10	重置智能卡密码	重新设定智能卡的密码信息	SMS	—流水号 —请求类型 —智能卡号 —密码②	返回码
11	设置特征值信息	设定智能卡的特征值信息，实现按特征值接收或者限制接收	SMS	—流水号 —请求类型 —智能卡号 —特征值	返回码
12	获取授权状态	获取指定智能卡当前的产品授权信息	SMS	—流水号 —请求类型 —智能卡号	返回码、授权信息(成功时)
13	电子钱包充值	向CAS发送指定智能卡的电子钱包充值指令	SMS	—流水号 —请求类型 —智能卡号 —CASID② —充值信息	返回码

①在某些系统的实现上，该项功能可与发送授权/取消授权一起实现。

②根据具体的实现方式，该参数的内容可为空。

2. SMS与金融系统的接口

SMS与金融系统的接口实现SMS与金融系统之间的数据交换。

通常SMS与金融系统之间存在以下三种典型业务关系。

(1)代缴：运营商委托金融系统通过其营业网点或以其他方式办理客户主动支付账单的业务。

(2)代扣：金融系统受运营商的委托，与客户达成协议，在收到运营商提供的客户账单数据后，从客户资金账户划拨账单资金到运营商资金账户的业务。

(3)充值：根据与客户达成的协议，使客户通过金融系统向其SMS账户划拨资金的业务。

SMS与金融系统接口的主要功能如表5-2所示。

SMS与金融系统的接口物理连接方式一般为以下一种或多种连接方式：

(1)专线;
(2)拨号连接;
(3)介质交换。

表 5-2 SMS与金融系统接口的主要功能

序号	主要功能	说明	发起者	主要参数	主要返回数据
1	建立连接	与金融系统建立通信连接关系,准备收发数据	SMS或金融系统	—流水号 —请求类型 —金融系统分配给SMS的操作ID —SMS分配给金融系统的操作ID	返回码
2	查询账单	金融系统查询SMS中指定客户的账单	金融系统	—流水号 —请求类型 —客户ID	返回码、账单(成功时)
3	缴费确认	金融系统通知SMS,客户账单缴费成功	金融系统	—流水号 —请求类型 —客户ID —缴费的账单号	返回码
4	充值	金融系统通知SMS向客户的预付费账户或电子钱包充值	金融系统	—流水号 —请求类型 —客户ID —充值信息	返回码
5	取消交易	取消指定的交易	金融系统	—流水号 —请求类型 —交易信息	返回码

3. SMS与客服系统的接口

SMS与客服系统的接口实现SMS与客服系统的数据交换,通过本接口,客服系统可以完成客服管理、客户信息查询、客户业务受理、客户业务信息查询等功能。SMS与客服系统接口的主要功能如表5-3所示。

表 5-3 SMS与客服系统接口的主要功能

序号	主要功能	说明	发起者	主要参数	主要返回数据
1	客户身份认证	客服系统向 SMS 验证客户身份的合法性	客服系统	—流水号 —请求类型 —客户 ID —客户密码	返回码
2	查询客户信息	查询指定客户的信息	客服系统	—流水号 —请求类型 —客户 ID①	返回码、客户信息(成功时)
3	修改客户信息	修改指定客户信息	客服系统	—流水号 —请求类型 —客户 ID① —客户新信息	返回码
4	查询业务信息	查询系统内的业务信息	客服系统	—流水号 —请求类型 —业务种类 —客户 ID①	返回码、业务信息(成功时)
5	订购产品	进行产品订购	客服系统	—流水号 —请求类型 —订购信息 —客户 ID① —智能卡 ID①	返回码
6	取消订购	取消产品订购	客服系统	—流水号 —请求类型 —业务 ID —客户 ID① —智能卡 ID①	返回码
7	暂停业务	暂停客户使用的业务	客服系统	—流水号 —请求类型 —业务 ID —客户 ID① —智能卡 ID①	返回码

续表

序号	主要功能	说　　明	发起者	主要参数	主要返回数据
8	恢复业务	恢复已暂停的业务	客服系统	—流水号 —请求类型 —业务 ID —客户 ID① —智能卡 ID①	返回码
9	查询客户的业务信息	查询客户的业务信息	客服系统	—流水号 —请求类型 —业务种类① —客户 ID① —智能卡 ID①	返回码、客户的业务信息（成功时）
10	查询客户费用信息	查询客户的账户余额、消费明细等费用信息	客服系统	—流水号 —请求类型 —时间段 —业务种类① —客户 ID① —智能卡 ID①	返回码、客户的费用信息（成功时）

①根据具体的实现方式，该参数的内容可为空。

4. 其他外部数据接口

随着数字电视业务的发展，SMS还可能需要其他数据接口与外部系统（如模拟电视用户管理系统）交互，以便为业务开展和决策支持提供方便。

接口的总体要求如下：

(1)接口设计应充分考虑并遵循灵活、规范、方便、安全的原则；

(2)接口的通信与交互应不影响系统的正常运行；

(3)接口的通信方式应符合开放系统互联的标准和协议，方便系统间的互联；

(4)接口应保证所有数据传送的安全可靠，保证数据的一致性、完整性，并且可以提供对交互过程和状态进行记录和监控，支持交互失败时的交互恢复；

(5)与外部系统连接一般应通过有安全控制的网关设备或防火墙进行连接；

(6)与外部系统的接口应能够平滑扩充，包括处理能力、处理节点、业务功能的扩充。

5.2.9　资源管理

资源管理负责对智能卡、机顶盒、票据、辅材等资源的管理。具体是对资源进行购买录入、修改、调存、删除及使用状态的管理，实现票据信息的维护，包括票本的入库、启用、更改、退领等。管理的资源项目可由运营商根据运营模式选择制定，基本包括业务所需要的设备、辅材，如 IC 卡、机顶盒、天线、遥控器、音视频连接线等。

5.2.10　报表管理

报表管理负责服务平台、节目平台和运营商需要的各种数据报表的自动统计、分析生成。常见的报表如用户信息报表、产品信息报表、订购信息报表、财务信息报表等。

5.2.11　权限管理

权限管理负责管理操作员的权限，保证操作员只能使用授权范围内的操作界面和操作对象。权限管理按分级/分组方式或角色方式等设置操作员权限，并依据各自权限对相关信息进行添加、修改和查询等操作。

权限功能主要包括：

(1)权限管理机制；

(2)添加操作员权限；

(3)修改操作员权限；

(4)删除操作员权限；

(5)操作日志管理。

5.2.12　系统管理

系统管理主要包括系统参数管理、运营参数管理、系统维护管理、日志管理、操作员信息管理等。

系统参数管理功能是对 SMS 运行必备参数的添加、修改，保证系统正常运行。通过对数据库数据和系统配置文件的备份、恢复管理，保证系统数据的安全性。

日志管理是对系统日志、操作日志的查询、备份与删除，实现对系统及操作的跟踪，并且应根据日志信息的重要性进行分类管理。

操作员信息管理是对操作员信息的添加、修改、删除和查询等。

5.3　业务运营支撑系统

随着数字电视相关业务的逐步发展，广播电视所涉及的业务领域越来越广，如宽带上网、付费电视、移动电视、单向数字电视、互动数字电视等，各业务系统如果都是独立的，有必要实现统一管理、统一规划，因此客观上要求有一个统一的平台来广播电视所涉及的各个领域的业务进行统筹安排、统一管理，以达到统一市场、统一规划、共享资源和信息的要求。SMS侧重于单向的数字电视用户管理系统，尽管也涉及对其他相关业务的管理，但是功能都比较弱，无法统一其他领域的相关业务子系统。为了实现对用户更为有效的管理和业务发展，一些广播电视运营商正逐渐开始使用新一代业务运营支撑系统（Business Operation Support System，BOSS）来管理运营。业务运营支撑系统强调业务支撑、运营支撑，通过一套完善可扩展的系统来帮助运营商整合网络资源，支持运营商开展的全部相关业务，提高为客户服务的水平。

BOSS提供了一个支撑平台，让不同业务运营模块共享一个资源及运行平台。通过这个平台，不同业务运营模块可共享信息，使多种业务运营形成一个统一的整体，同时扩展新的业务运营模块，适合开展新业务的需要。对运营商来说，BOSS提供了统一的运营平台；对用户来说，BOSS提供了统一的客户服务平台；对集成系统商来说，BOSS则提供了统一的集成平台。

5.3.1　业务运营支撑管理构架

BOSS系统主要以业务运营、客户服务、第三方管理为核心，以关键性事务操作（费用结算、客户服务、数据分析）作为主要功能，为数字电视运营商的客户、合作伙伴、公司业务管理者和营销服务人员等提供服务。

BOSS的设计原则和思路可以概括为“统一模型、集中管理、综合营运、多个通道”。一般采用大型分布式关系数据库、应用服务器、组件和插件、并行处理、IPC技术、SAN存储等关键技术。其数据层则采用分类存储方式，存储方式一般采用SAN技术、分布式数据库和RAID存储技术。数据库硬件可支持主流UNIX主机系统、存储设备，能方便地增加主机、存储设备，数据库软件支持Oracle、Sybase、Informix、SQL Server等关系数据库。其强调的是业务支撑、运营支撑。业务支撑包含用户管理，完成业务受理、业务流程管理、计费、资源等功能；运营支撑则完成数据统计分析、决策辅助、营销定位等网络公司运营层面上的功能支撑。企业的业务运营包含用户管理，除此之外还有产品开发与管理、服务开发与管理、资源管理、合作伙伴管理（例如，数据业务内容提供商与 SP/CP 服务提供商联手共同开发业务、开拓市场和合作运营），在这些横向的管理功能上支撑企业的业务受理流程、工单处理流程、账务处理流程、账单处理流程等。

BOSS 系统架构如图 5-4 所示。具体划分为如下模块：客户管理、大客户管理、客服管理、资源管理、产品管理、工单管理、账务管理、合作伙伴管理、统计报表、系统管理和接口管理。

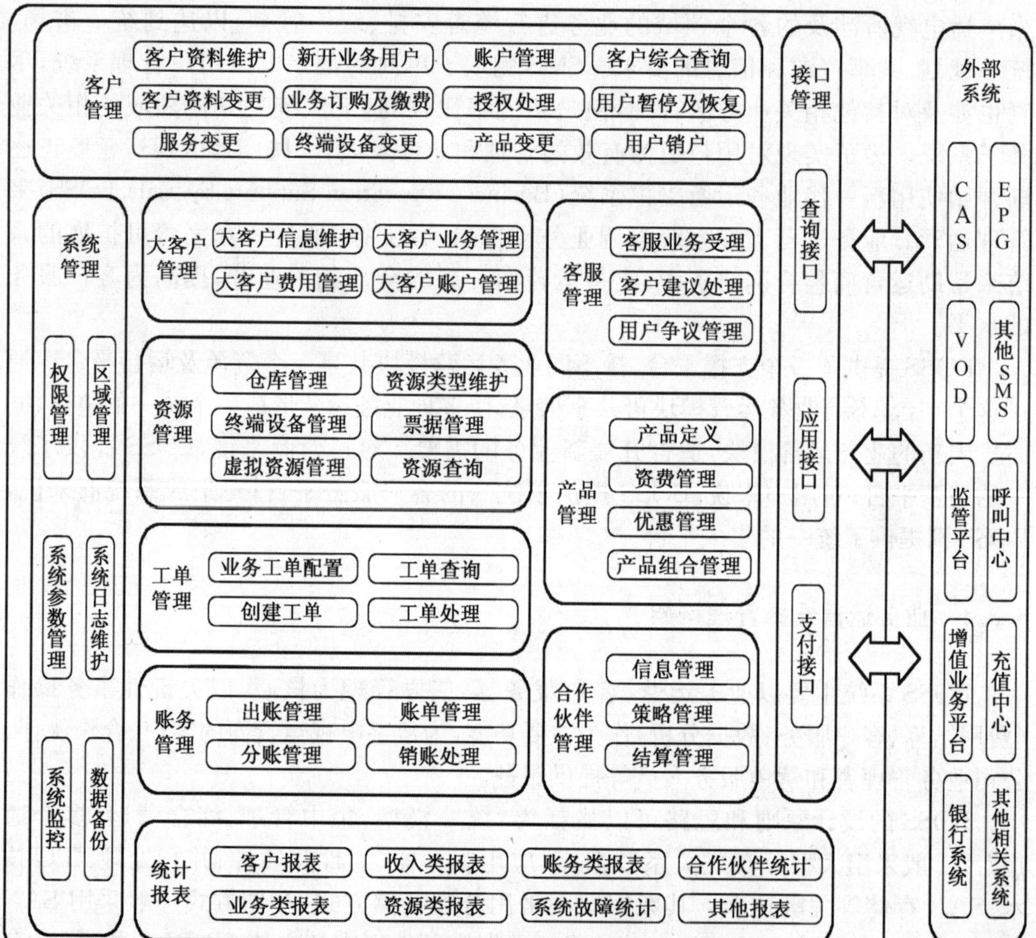

图 5-4　BOSS 系统架构

5.3.2　业务运营支撑系统的功能与管理优势

BOSS 是基于计算机网络及相关应用技术，以客户服务、业务运营和管理为核心，以关键性事务操作(客户服务和计费)作为系统的主要功能,用以支持广电宽带城域网业务运营的系统。业务运营支撑系统是逐步发展起来的计算机软件管理系统,经历了运行维护支撑系统(Operation Support System,OSS)、业务支撑系统(Business Support System,BSS)和用户管理系统等多个发展阶段,其核心是运营管理(Operation Management,OM),即业务运营支撑系统的发展历程实质上是运营管理的发展历程。这不仅强调运营管理是业务运营支撑系统的基础,而且强调只有经历或具备了多个运营管理的阶段或条件,才能实际运用业务运营支撑系统。

BOSS运营管理系统是针对广电发展数字电视、播放数字节目而开发的一套管理软件。通过该系统可以辅助运营商达到如下目标:

(1)支撑数字电视系统业务运营,帮助运营商最大限度地利用已建设网络;

(2)通过系统可以发掘有价值的客户群,为大客户和特定客户群提供更好的服务;

(3)通过自动化的流程处理,大幅度提高企业的运作效率,降低劳动强度;

(4)运营商可以利用系统分析用户的投诉或者查询请求情况,及时向用户推荐相关服务,在提高客户满意度的同时捕捉新的市场机会点。

BOSS系统一般由计费及结算系统、营业与账务系统、客户服务系统和决策支持系统四个部分组成。侧重于运营商运营分析与策划、运营商的业务分析与扩展、上级下级运营商间的业务交流与监管、运营商与用户的业务开展与反馈、运营商与运营商或三方合作等。

如图5-5所示,BOSS系统从业务层面来看就是一个框架,承载数字电视业务系统、产品信息、客户关系管理系统、计费系统、运营方案、合作伙伴等管理,实现统一框架中的纵向、横向管理;综合管理数字电视运营商的多种不同特性的业务(如数字电视业务、宽带数据业务等),对不同特性的业务提供灵活可变的计费策略,同时在平台上进行统一的管理与计费,提供与合作方,包括设备提供商和业务代理商的管理、费用收取途径和与之合作的分成方式;从简单的用户管理到流程化、规范化的管理,实现全面的运营支撑。

1. BOSS功能

BOSS系统可根据运营商的需求制定面向Web服务的基础架构——面向服务架构(Service-Oriented Architecture,SOA),以更快地响应业务单位的需求,实现实时企业(real-time enterprise)办公,通过统计分析各种数据报表,模拟运营发展思路,提供实时而有效的决策辅助信息,使各级决策者获得市场走向和洞察力,提高决策质量和效率。其主要功能分为个体客户管理、集团客户管理、资源管理、计费管理、授权管理、运营管理、系统管理、充值卡管理、代理商管理等。

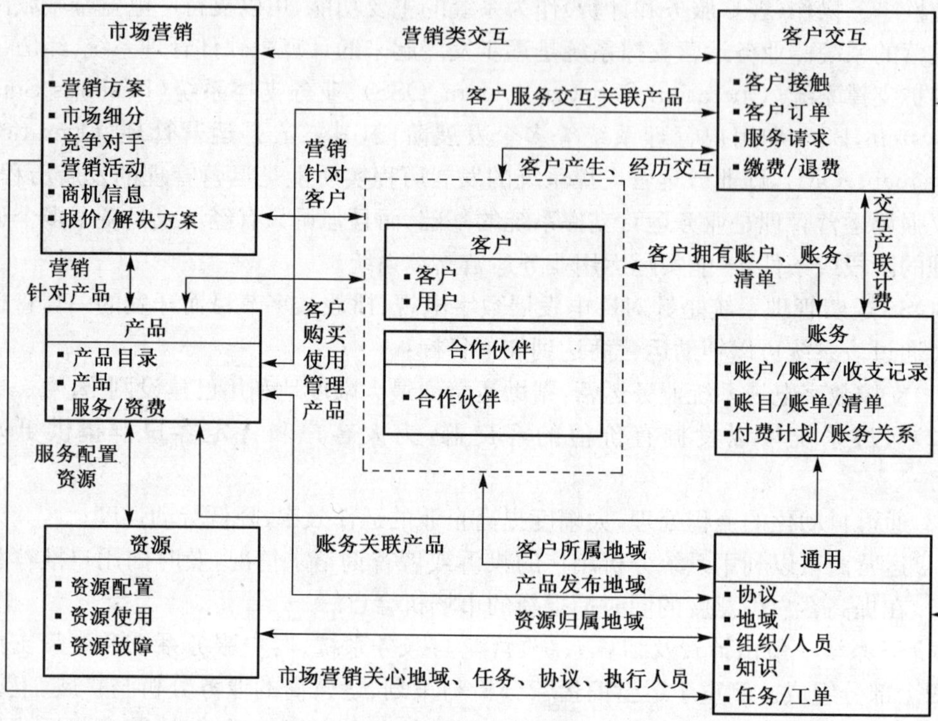

图 5-5　业务实体信息概念模型

(1)个体客户管理。个体客户管理是对各种个体客户业务的受理和缴费，提供的业务功能包括客户资料录入、开通业务、业务变更、服务变更、设备变更、销户及客户相关信息的查询。

(2)集团客户管理。集团客户管理是对集团客户基本资料的维护，包括资料录入、修改和删除。

(3)资源管理。资源管理是对设备类型的管理及维护。

(4)计费管理。计费管理是对各种设备、产品、人员服务等费用进行定义、查询、结算统计。

(5)授权管理。授权管理是对用户的预授权和授权的管理。

(6)运营管理。运营管理是对区域信息、统计分析信息、数据模拟信息、仓库信息、人员信息、工单信息、账务信息、厂商信息、CA 信息、图形层(On Screen Display，OSD)信息的维护管理。

(7)系统管理。系统管理是对系统基本参数信息维护，系统参数的添加修改。

(8)充值卡管理。充值卡管理是对代理、经销商基本信息的维护，充值卡订购、销售的统计管理，人工及语音自动充值系统的对接、信息管理。

(9)代理商管理。代理商管理是对运营商合作伙伴及代理商信息的添加、维护,以及对账户资源、服务和营业终端的管理。

(10)第三方接口管理。第三方接口管理是对银行、移动、电信、呼叫中心等第三方服务系统进行对接接口使用的管理。

2. BOSS 管理优势

业务运营支撑系统不仅仅是实现管理者对业务订户的管理、收费等,更多的是帮助管理者提升至运营商的层面,对运营商的各种业务进行全面支撑,同时为运营商提供灵活、便捷的运营策略,并产生大量丰富、直观的运营数据以便运营商做出决策。

(1)客户为中心。客户是价值的核心,以统一客户资源、统一业务管理的理念为核心进行业务模型和数据模型的设计。三户(客户、账户、订户)模型、一户多机等均在 BOSS 系统中充分体现。

(2)业务整合为目标。充分考虑运营商未来对增值业务的要求,能够同时支持数字电视业务、互动电视业务、宽带数据业务及数字电视增值业务的营业受理、计费、账务、结算等功能。

(3)多级运营思路。支持多级业务网点经营,实现"统一管理、分散运营"的运营理念,数据集中管理,支持集中的认证、授权、计费功能,提供远程操作管理功能。

(4)模块化设计。组件、XML、XSL 等技术,使 BOSS 系统可灵活配置参数,可灵活组装拆卸功能模块,以灵活适应运营商的要求。

(5)规范业务流程。采用可视化流程设计引擎,每个节点的入口和出口参数灵活设置,从而满足复杂业务的流程要求,如订购流程、报装派工流程、短信工单等。

(6)丰富的对外接口。BOSS 系统对外接口具有良好的扩展性,能够对数字电视 CA 系统、呼叫中心系统、充值系统、短信平台提供接口集成,也可与银行系统、网上支付系统等快速集成,并且能使增值业务平台灵活接入。

5.4　SMS 技术要求与评测方法

2006 年 7 月 26 日,国家广播电影电视总局发布《数字电视用户管理系统功能要求和接口规范》(GY/T 216—2006),规定了数字电视广播系统中用户管理系统的基本功能、扩展功能和接口规范,适用于数字电视广播系统中用户管理系统的设计、应用和评测。本节依据此标准介绍 SMS 技术要求与评测方法。

5.4.1 评测等级

用户管理系统的测评等级分 A、B、C、D 级，主要依据当前有线电视系统的用户规模提出。A 级适用于 200 万户以上的有线电视系统，B 级适用于 100 万～200 万户的有线电视系统，C 级适用于 30 万～100 万户的有线电视系统，D 级适用于 30 万户以下的有线电视系统。

5.4.2 评测环境

SMS 测评环境示意图如图 5-6 所示。

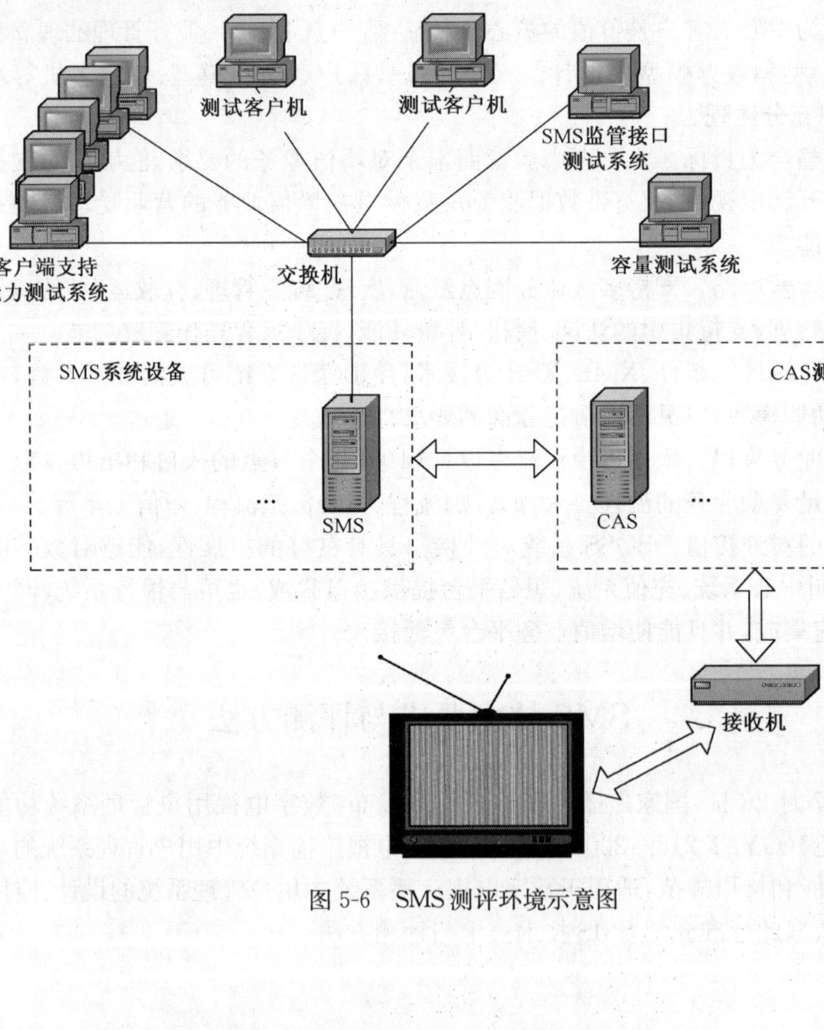

图 5-6　SMS 测评环境示意图

5.4.3　总体评测方法

测评过程按照测评方统一制定的测评管理流程进行，整个过程需要测评方和被测方密切配合。

(1)测评方设计并制定测试数据集，被测方提供导入工具，能够将测试数据集导入被测系统，测评方对导入后的测试数据进行验证。

(2)被测方提供所有功能执行相关的业务逻辑描述。

(3)被测 SMS 应具有数据导入、导出和数据备份功能。

(4)被测方提供开发并发测试工具所需的接口文档，协助测评方开发测评工具。

5.4.4　功能评测

1. 用户管理

(1)用户管理负责完成的主要功能是处理与维护数字电视用户的基本信息，其功能包括：

①用户信息的注册；

②用户信息的修改；

③用户信息的查询；

④用户信息的删除。

(2)被测 SMS 能够提供以下功能，每项功能的实现不低于表 5-4 中的要求。

表 5-4　SMS 用户管理功能

序号	功　能	要　求
1	用户信息注册	包括录入基本资料，至少包括姓名、用户代码、联系方式、装机地址、IC 卡编号、接收机编号和账户信息
2	用户信息修改	对用户信息进行增、减和修改； 修改后的用户信息应该在整个系统中立即生效
3	用户信息查询	能够支持多种条件组合查询用户信息； 系统能够列出符合查询条件的用户列表
4	用户信息删除	在系统中撤销该用户，所有该用户的授权都被取消； 删除操作后无法再对该用户进行任何操作

2. 产品管理

(1)产品管理主要是对所播出的数字电视节目进行产品化管理，其功能包括：

①产品信息生成；
②产品信息修改；
③产品信息删除；
④产品信息查询。

(2)被测 SMS 能够提供以下功能，每项功能的实现不低于表 5-5 中的要求。

表 5-5　产品管理功能

序号	功　能	要　求
1	产品信息生成	能够在产品管理中添加需要的产品信息； 能够设置产品价格策略
2	产品信息修改	能够选择已经创建的产品，修改产品信息
3	产品信息删除	删除产品后，该产品不再可购买
4	产品信息查询	提供定制查询条件的界面，用于查询符合条件的产品列表； 列出符合条件的产品，能够查看某个产品的详细信息

3. 订购管理

(1)订购管理负责用户订购数字电视产品信息的管理，其功能包括：
①用户订购信息生成；
②用户订购信息修改；
③用户订购信息取消；
④用户订购信息查询。

(2)要求参与测评的 SMS 能够提供以下功能，每项功能的实现不低于表 5-6 中的要求。

表 5-6　订购管理功能

序号	功　能	要　求
1	产品订购	可以选定卡和产品，进行产品的订购，允许用户收看产品
2	修改订购信息	可对订购产品进行修改
3	取消订购信息	取消订购后，相应的用户被取消收看对应节目的权利
4	查询订购信息	提供定制查询条件的界面，用于查询符合条件的订购信息列表，查询条件至少应该包括基于产品、用户和 IC 卡号

4. 授权管理

(1)授权信息管理负责用户订购的数字电视产品实际开通的操作，主要包括对产品与 IC 卡有效性确认及通过 CA 系统对用户实施授权、取消授权的操作等。

(2)要求参与测评的SMS能够提供以下功能,每项功能不低于表5-7中的要求。

表5-7 授权管理功能

序号	功能	要求
1	授权	能够按照CAS要求的接口形式发送授权请求,正确接收并处理CAS返回的各种信息
2	取消授权	能够按照CAS要求的接口形式发送反授权请求,正确接收并处理CAS返回的各种信息
3	修改授权	能够按照CAS要求的接口形式发送修改授权请求(可以分解成多个指令),正确接收并处理CAS返回的各种信息
4	查询授权	能够按照CAS要求的接口形式发送查询授权请求,正确接收并处理CAS返回的各种信息

5.计费管理

(1)计费管理主要是指按产品计算收费,必须支持的计费方式按时间、按次计费。

(2)要求参与测评的SMS能够提供以下功能,每项功能不低于表5-8中的要求。

表5-8 计费管理功能

序号	功能	要求
1	管理计费	能够按照产品进行计费定价的设置; 能够按照产品的各种组合和来源进行统计
2	计费	能够按设置的定价标准正确计算用户产品订购所需的费用

6.结算管理

(1)被测SMS在进行计费处理之后对用户收费,计算收费要准确。

(2)被测SMS能够提供以下功能,每项功能不低于表5-9中的要求。

表5-9 结算管理功能

序号	功能	要求
1	结算	能够输入用户预收费金额,存入系统中; 能够及时查询预收费账户金额情况; 能够查询用户需要交纳的费用金额; 能够查询收费金额的来源,包括订购详单; 具有逾期欠费提示功能; 按结算周期进行结算

7. 查询管理

被测SMS具备用户信息、产品信息、订购状态信息、费用信息、资源信息、报表信息、人员信息等相关的查询功能模块。

8. 接口管理

被测SMS必须支持《用户管理系统与监管平台数据交换接口技术要求》(暂行),与银行、SI和CAS的接口另行规定。

9. 资源管理

(1)被测SMS具备对数字电视相关设备(如接收机、IC卡等)的管理功能,包括:

①对接收机的发放、更换、回收等操作进行管理。

②对IC卡的发放、暂停、重新激活、更换、删除等操作进行管理。

(2)被测SMS能够提供以下功能,每项功能的实现不低于表5-10中的要求。

表5-10　资源管理功能

序号	功　能	要　求
1	发放接收机	给已经存在于系统中的用户发放接收机; 发放的接收机即时生效,可以对接收机进行各种操作
2	更换接收机	可以允许用户把原有接收机换成新的接收机; 更换操作在整个系统中即时生效
3	回收接收机	可以回收已经发给用户的接收机; 相应地撤销所有与用户设备相关的记录,包括授权等
4	发放IC卡	给已经存在于系统中的用户发放IC卡; 发放的IC卡即时生效,可以对IC卡进行各种操作
5	暂停IC卡	暂停IC卡后,使得IC卡在被重新激活之前不可用; 操作递交成功后立即生效
6	重新激活IC卡	重新激活被暂停的IC卡,可以对IC卡进行包括授权在内的各种操作;操作递交成功后立即生效
7	更换IC卡	可以允许用户把原有IC卡换成新的IC卡; 更换IC卡时,所有对旧卡的授权全部转移到新卡中,更换操作立即在整个系统中生效
8	删除IC卡	可以回收已经发给用户的IC卡; 相应地撤销所有与该IC卡相关的记录,如授权等

10. 报表管理

被测 SMS 具备服务平台、节目平台和用户需要的各种数据的自动统计、分析并生成报表的功能。

11. 权限管理

(1)被测 SMS 具有操作权限管理功能,保证操作员只能使用授权范围内的操作界面和操作对象。权限管理主要包含:

①添加操作员权限;

②修改操作员权限;

③删除操作员权限。

(2)被测 SMS 能够提供以下功能,每项功能的实现不低于表 5-11 中的要求。

表 5-11　权限管理功能

序号	功　能	要　求
1	权限管理机制	只有拥有系统管理员权限的操作员才拥有权限管理能力; 功能权限对应系统中的功能模块或功能操作; 操作员登录后只能执行其拥有权限的操作,其他功能模块不可见或不可操作
2	添加操作员	能够添加操作员基本信息; 能够给操作员添加不同的管理权限
3	修改操作员	能够修改操作员的各项属性
4	删除操作员	从系统中删除操作员及其相关信息
5	操作日志管理	系统应该能够详细记录操作员的每次操作活动

12. 系统管理

被测 SMS 具备参数管理、维护管理、日志管理、操作员信息等为保证系统正常运行的附加功能。

5.4.5　性能要求和评测方法

1. 容量评测

1)技术要求

不同级别的 SMS 能够支持的用户容量不同,级别评定要求如表 5-12 所示(实际得到的指标值依赖于测试场景和系统配置)。

2)评测条件

(1)产品数量为 20 个,其中 PPC 和 PPV 各 10 个;

(2)每个用户都有 10 项授权,其中 PPV 和 PPC 各 5 项;

(3)软硬件平台以 SMS 厂商申报的为准,不同厂商的平台允许不同。

表 5-12 级别等级要求

级别	要 求
A 级	适用于 200 万以上用户环境
B 级	适用于 100 万～200 万用户环境
C 级	适用于 30 万～100 万用户环境
D 级	适用于 30 万以下用户环境

3)评测方法

将申请容量测试数据导入被测 SMS,对 SMS 功能进行逐项测试并记录。对不同级别的测评所采用的测评数据集规模分别如表 5-13 所示。

2. 客户端支持能力评测

1)技术要求

SMS 能够支持的同时访问的客户端数量不同,评定要求及级别如表 5-14 所示(实际得到的指标值依赖于测试场景和系统配置)。

表 5-13 测评数据集规模

级别	用户数
A 级	300 万
B 级	200 万
C 级	100 万
D 级	30 万

表 5-14 客户端级别

级别	要 求
A 级	支持 100 个以上客户端
B 级	支持 50～100 个客户端
C 级	支持 10～50 个客户端
D 级	支持 10 个以下客户端

2)测评条件基本配置

(1)产品数量为 20 个,其中 PPC 和 PPV 各 10 个;

(2)共 200 用户,每个用户都有 10 项授权,其中 PPV 和 PPC 各 5 项;

(3)软硬件平台以 SMS 厂商申报的为准,不同厂商的平台允许不同。

3)测评工具

并发测试工具。

4)测评方法

被测 SMS 安装系统并初始化数据库。在申请级别的开发测评程序自动执行的同时，对所有功能进行逐项测试并记录。

3. 可靠性评测

1)技术要求

SMS 应该具备良好的数据备份和恢复机制，具备支持有效的系统冗余配置和故障切换能力，保证系统整体运行的可靠性，在合理的时间范围内完成故障诊断并恢复系统正常运行。

2)测试条件

被测 SMS 提供：

(1)完整的冗余备份和故障恢复方案；

(2)相应的设备和操作手册。

3)测评方法

主机停止工作、网络中断，备份机能够继续工作。

第6章 电子节目指南系统

随着数字电视进入快速发展阶段，与数字电视相关的业务将大幅度增长，电视广播节目内容日益增多、业务形式也日益多样化，需要一个良好的导航机制，为用户收看电视节目和享受信息服务提供方便，使用户能够方便快捷地找到自己关心的节目、查看节目的附加信息。这就是电子节目指南，简称 EPG(Electronic Program Guide)。本章介绍 EPG 基本概念，EPG 信息的组成、传输及数字电视前端 EPG 系统的构成等。

6.1 电子节目指南基础

6.1.1 电子节目指南的定义

电子节目指南(EPG)是一种电视节目信息导航系统。用户通过电子节目指南，能够了解到节目的相关信息(包括节目名称、播放时间、内容梗概等)，并且实现对节目的快速检索和访问。

在数字电视广播系统中，所有视频、音频、文字、图片等信息经编码、复用形成传输码流(TS)。通常一个频道对应一个 TS 流，一个频道的 TS 流可以包含多个节目及业务组成。在 TS 流中如果没有引导信息，数字电视的终端设备将无法找到需要的码流，所以在 MPEG-2 中，专门定义了 PSI(Program Specific Information)。PSI 信息包含 4 个表，其作用是自动引导接收机进行解码，在复用过程中通过复用器插入 TS 流中，并用特定的 PID(包标识符)进行标识。

PSI 数据只提供了单个 TS 的信息，引导接收机对单个 TS 中的不同节目流进行解码，但它不能提供多个 TS 的有关业务、节目类型及什么节目、什么时间开始等信息，而系统通常存在多个 TS 流。为了使用户能在多个 TS 流中快速地找出自己需要的业务，DVB 对 MPEG-2 的 PSI 进行了扩充，在 PSI 四个表的基础上再增加了九个表，形成 SI(Service Information)。SI 是对整个系统所有 TS 流的描述，描述系统传输内容、广播数据流的编排和时间表等数据，包括 PSI 信息。

1. 节目特定信息(PSI)

PSI 由节目关联表(PAT)、条件接收表(CAT)、节目映射表(PMT)和网络信息表(NIT)组成,这些表插入 TS 中传输。PSI 指定了如何从一个携带多个节目的传输流中正确找到特定节目,当接收机要接收某一个指定节目时,它首先从节目关联表中取得这个节目映射表的 PID 值,然后从 TS 中找出与此 PID 值相对应的节目映射表,从这个节目映射表中获得构成这个节目的基本码流的 PID 值,根据这个 PID 值滤出相应的视频、音频和数据等基本码流,解码后复原为原始信号。

要保证传输流能正常接收,在该流中至少有一个完整有效的 PAT。CAT 描述了节目的加密方式,它包含节目的 EMM 识别 PID,只有授权的解码器才能由 CAT 收到密钥,解码出相应的数据流。NIT 包含节目的频道调谐参数、频率、符号率等物理传输网信息,这些信息使得接收机可以按照用户的选择以很少的延时或无延时地改变频道、调谐参数,正确地解码出传输流。

2. 业务信息(SI)

SI 定义了业务群关联表(BAT)、业务描述表(SDT)、事件信息表(EIT)、时间和日期表(TDT)、时间偏移表(TOT)、网络信息表(NIT)等 9 个表。NIT 在 MPEG-2 标准中未予以规定,而是由 SI 规定。

SI 中的各表在实际使用中并不都需要传送,其中 NIT、SDT、EIT、TDT 是必须传送的,其他表则按照需要进行选择传送。

3. EPG

在使用中,将 SI/PSI 所提供的数据通过有序地组织起来,生成类似节目报的形式,它能在电视机上即时浏览,这样将大大方便用户的使用,这就是电子节目指南(EPG)。

6.1.2　电子节目指南系统的基本功能

1)节目档案管理

通过对节目进行编号、分类、主题等技术手段的处理,将节目整理成易于查询、使用,易于分类统计的数据文件。它涉及以下几个方面的内容:

(1)建立节目编码规则;

(2)建立节目与分类、主题和级别的相互关系;

(3)确定每个节目成熟率。

2)节目单制作

(1)通过播出计划生成节目播出单。包括对节目重播、节目异日重播、异日重重播的处理,对各种节目和广告在时间上的连接的处理,给操作者提供方便快捷的使用方法。

(2)对专业频道业务和按次收费业务,确定每个节目的属性,如节目类型(免费、加扰、加密、预订、IPPV)、节目价格。

(3)对节目随机插播提供支持。

3)提供开放接口

(1)支持 CA 和 SMS 系统;

(2)支持与自动播控设备互联;

(3)支持与第三方 EPG 软件互联。

6.2　电子节目指南信息

本节参照中华人民共和国广播电影电视行业标准化指导性技术文件《EPG 规范》(GY/Z 174—2001)简要介绍 EPG 信息的组成与传输,更为详细的知识,请读者参考相关文件。

6.2.1　电子节目指南信息的构成

1. EPG 信息组成

EPG 信息分为基本 EPG 信息和扩展 EPG 信息两种。基本 EPG 信息是必需的,扩展 EPG 信息可选。

基本 EPG 信息是用 SI 信息表进行描述,以文本格式表示的与节目描述有关的网络信息、节目群信息、业务描述信息和事件信息,可以完全通过 GY/Z 174—2001 中规定的 NIT、BAT、SDT、EIT 和 EMT 进行表示和传输,这些表被分为一个或若干个段(section),每个分段包含一部分或全部关于表的信息,然后插入 TS 流传输包中。如图 6-1 所示。

扩展 EPG 信息是在基本 EPG 信息基础上的扩充,它描述网络、业务群、业务、事件、EPG 提供商以及广告等方面的扩充信息。当用于数字电视平台之间交换 EPG 信息时,按 XML 格式描述全部 EPG 信息,内容被封装成具有多级目录结构的文件系统,通过数据转盘传递,这些信息的入口采用 EPG 映射表(EMT)进行描述。

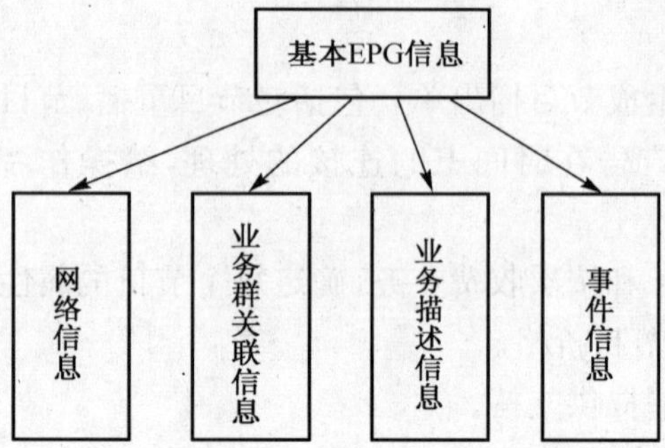

图 6-1　基本 EPG 信息

2. EPG 信息结构

数字电视使用 EPG 实现节目导航功能，需要使用传输流信息、节目信息、节目时间信息等，这些信息都源自传输流的业务信息。为了便于这些信息分类查询和数据更新，需要将这些信息组织起来，图 6-2 所示为 EPG 基本信息的树型结构。

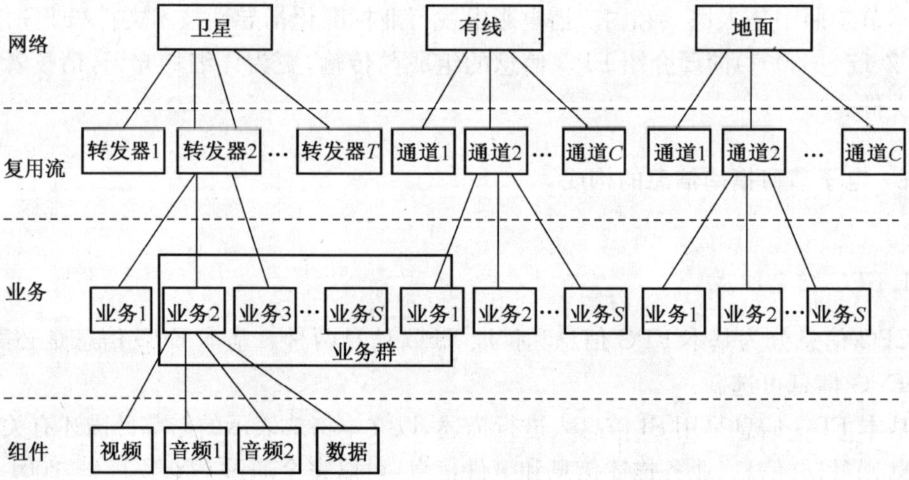

图 6-2　EPG 基本信息的树型结构

(1)网络(network)。一个传输系统，可以传输一组节目码流。网络使用 network_id 来进行标识，不同运营商所运营的网络，对应的network_id不同。

(2)业务(service)。在广播者的控制下，可以按照时间表分步广播的一系列节目。一个业务可以理解为一个逻辑意义上的频道，使用 service_id 来标识一个业务。同一个传输流中，service_id 必须唯一。

(3)业务群(bouquet)。一个业务群是一系列业务的集合,这些业务可以来自不同的TS流甚至不同的网络。业务群的概念可以这样来理解:假设有两个业务提供商PA和PB,PA提供了10套节目,PB提供了20套节目。但是,对于某一个地域的用户,只希望他们收到PA提供的3套节目和PB提供的5套节目。此时,可以将这些节目组成一个业务群。

(4)事件(event)。一组属于普通业务的广播数据流,它定义了起始时间和结束时间,一个事件就是一个节目,更确切地说,是一个节目段。例如,一场足球比赛的半场,新闻快报,娱乐表演的第一部分。

(5)组件(component)。组件是组成节目段的一个或多个实体,对应TS流概念中的基本流。

6.2.2 电子节目指南信息的传输

电子节目指南信息的传输采用两种方式:表传输方式和数据广播中的数据轮播方式。

基本EPG信息和扩展EPG信息中的EPG映射信息均采用表传输方式;扩展EPG信息中的扩展EPG内容信息采用数据广播中的数据轮播方式传输。

1. 基本EPG信息及EPG映射信息的传输

从结构上讲,EPG信息表都被分成一个或若干个段插入TS包中传输。这些表都由一个或多个子表组成,而子表又进一步由一个或多个段组成。段、子表和表的结构关系如图6-3所示。

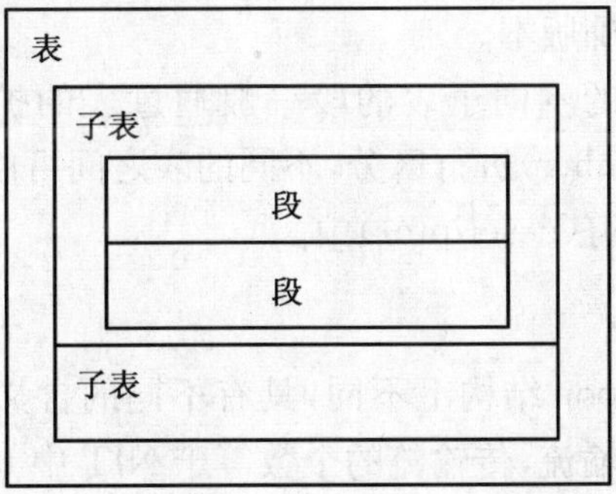

图6-3 段、子表和表的结构关系

不同的信息表在传输流中通过赋予不同的特定PID来进行区分,具有相同PID的不同信息表则进一步由表标识符(table_id)来区分,在接收端通过查这些特定的

PID来找到它们。如每一个 SDT 表都对一个特定 TS 中的业务进行描述，这些业务可能是这个表所存在的 TS 的一部分，也可能是其他 TS 的一部分，这些 SDT 的 PID 都是相同的，这时就可以通过不同的表标识符来区分它们，从而识别出哪一个表所描述的业务是哪一个 TS 的。

1)段说明

段用来把 SI 信息表和 EPG 信息表映射成 TS 包的语法结构。段的长度是可变的，除 EIT 表外，每个表中的段限长为 1024 字节，EIT 中的段限长为 4096 字节。每一个段由以下元素的组合唯一标识。

(1)表标识符(table_id)。表标识符标识段所属的表；一些表标识符已分别被 ISO 和 ETSI 定义。表标识符的其他值可以由用户根据特定目的自行分配。

(2)表标识符扩展(table_id_extension)。表标识符扩展用于标识子表。

(3)段号(section_number)。段号字段用于解码器将特定子表的段以原始顺序重新组合。段一般按顺序传输，除非某些子表的段需要比其他的段更频繁地传输，例如出于随机存取的考虑。

(4)版本号(version_number)。SI 信息表和 EPG 信息表所描述的传输流特征发生变化时(例如，新事件开始，给定业务的组成的基本流发生变化)，应发送更新了的业务信息数据。新版本的业务信息以传送一子表为标志，它与前子表具有相同的标识符，但版本号改为下一值。

(5)当前/后续指示符(current_next_indicator)。每一段都可标识出当前有效或在不久的将来有效，使得新的 SI 版本可以在传输流特征发生变化之前传输，让解码器能为变化做准备。然而，一个段的下一个版本的提前传输不是必需的，但如果被传输，它将成为该段的下一个正确版本。

属于同一个 table_id 的不同子表的段一般通过表的扩展标识(table_id_extension)、版本号(version_number)进行区分，不同的表之间可以通过 table_id 进行区分。描述信息包含在段的描述符(descriptor)中。

2)表循环(table_loop)

不同信息表的 table_loop 结构上不同，具有不同的含义。例如，NIT 表的 table_loop 对应特定网络中的传输流，传输流的个数等于 NIT 中 table_loop 的个数；SDT 表的 table_loop 对应特定传输流中的业务(service)，service 的个数等于 SDT 中 table_loop 的个数。

3)段到 TS 包的映射

段可直接映射到 TS 包中，即不先映射到 PES 包。段可能起始于 TS 包有效负载的起始处，其余段的起始位置均可从第一个段及其后各段的长度中计算出来。语法规定一个 TS 包中的段之间不能有空隙，在任一 PID 值的 TS 包中，一个段必须在下一个段允许开始之前结束，否则就无法识别数据属于哪个段标题。若一个段在 TS 包的末尾前结束了，但又不便打开另一个段，则以 0xFF 填充剩余空间。一旦一个段的末尾出现了字节 0xFF，该 TS 包的剩余字节必然都被填充为 0xFF，从而允许解码器丢弃 TS 包的剩余部分。

4)重复率

在考虑随机存取的系统中，即使结构没有发生变化，也建议对当前文件中规定的 SI 段及 EMT 段重复传输数次。

5)加扰

除携带时间表信息的 EIT 外，其他业务信息表不能加扰。

2. 扩展 EPG 内容信息的传输

扩展 EPG 内容信息(XECI)被封装成具有多级目录结构的文件系统，其传输方式采用数据广播中的数据轮播方式。具体内容参见相关国家标准。

3. 重要的标识符

EPG 信息表中一些重要的标识符及其与业务信息之间的对应关系如图 6-4 所示。

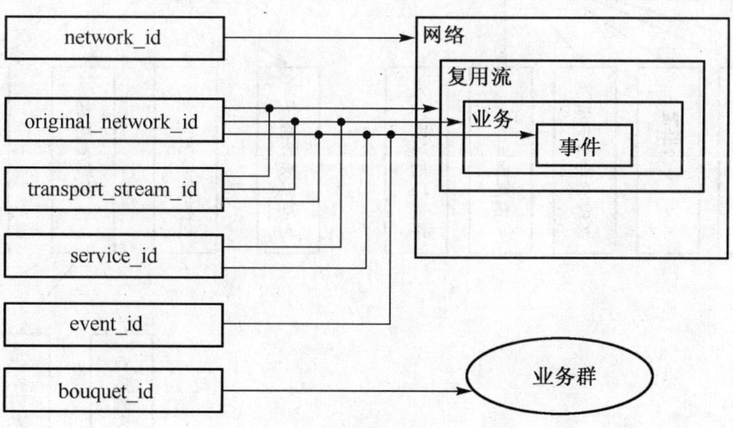

图 6-4　EPG 信息表中的重要标识符

6.2.3　网络信息表

网络信息分为网络基本信息和传输流信息,包含与通过一个给定网络传输的 TS 流的物理结构相关的信息,以及与网络自身特性的信息,用来指导终端系统获得业务列表、对指定业务进行调谐及系统所描述的某个特定对象的附加信息,如传输流的频率、符号率和调制方式等,使接收机可以按照用户的选择以很少的延时或无延时地改变频道、调谐参数,正确地解码出 TS。

网络信息通过网络信息表(NIT)和在表中插入的描述符进行描述。NIT 表可以由多个子表构成,每个子表对应一个具体的网络,通过网络标识符进行区分。一般情况下,NIT 表只描述本网的信息。NIT 表在实际应用过程中必须传送。

网络信息分为网络基本信息和传输流信息,如图 6-5 所示。

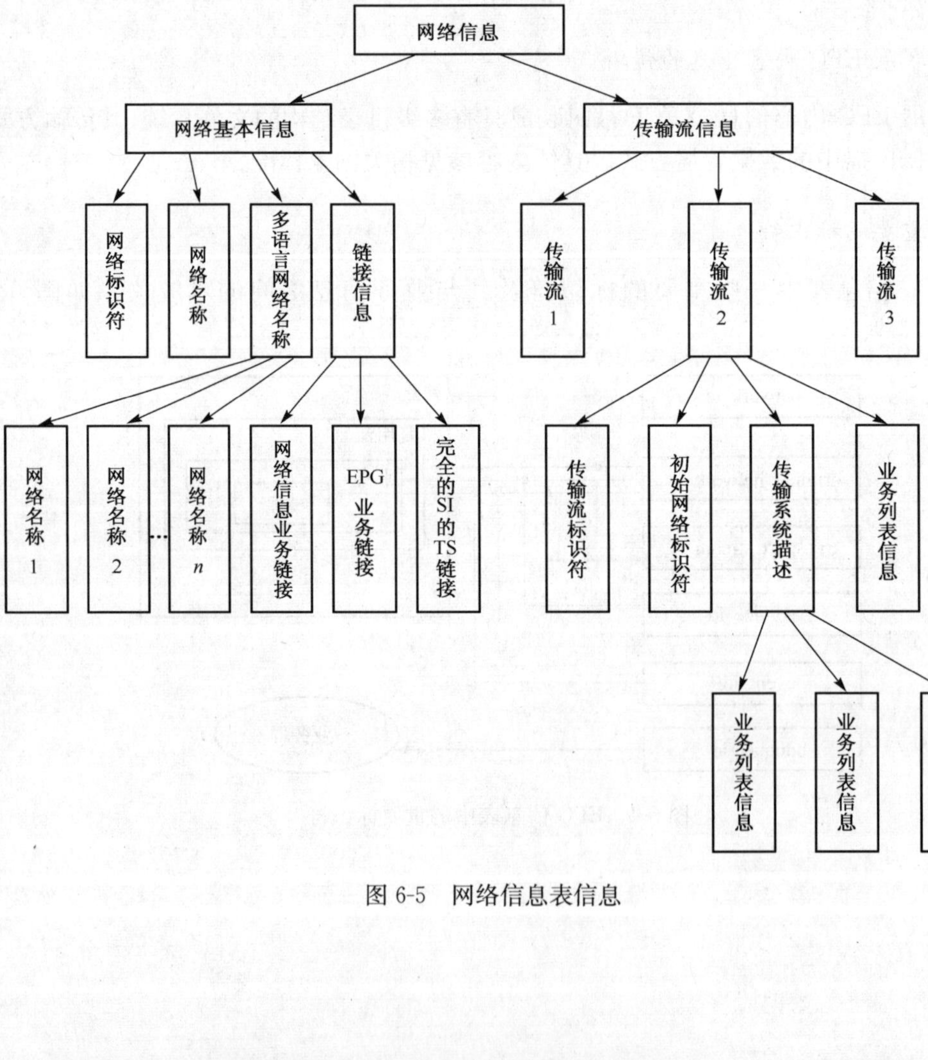

图 6-5　网络信息表信息

1. 网络基本信息

1)网络标识符

网络标识符(network_id)由有关标准组织统一分配(参见《数字电视广播业务信息规范》(GY/Z 174—2001)附录D),在整个国家范围内唯一确定一个网络。该标识符在NIT表中的固定结构中描述。在NIT表中,该标识符同version_number字段共同唯一标识一个子表。

2)网络名称

每个网络标识符标识的网络都有一个网络名称。网络名称通过出现在NIT表第一个循环中的网络名称描述符(network_name_descriptor)进行描述。对每个网络,该描述符最多可出现一次。

3)多语言网络名称

每个网络标识符标识的网络都可以有多个语言描述的网络名称,终端可以根据需要,选择相应语言显示网络名称。多语言网络名称通过多语言网络名称描述符(multilingual_network_name_descriptor)进行描述。对每个网络,该描述符最多可出现一次。该描述符中包含一个循环,可以描述零到多种不同国家或不同民族语言的网络名称。

4)链接信息

用于给出与其他描述网络信息、EPG信息的业务的链接关系,也用来给出与其他包含完全SI信息(或至少所有其他TS流的SI信息)的TS流的链接关系。

链接信息通过出现在NIT表第一个循环中的链接描述符(linkage_descriptor)进行描述。

链接描述符中的linkage_type值代表链接的类型,具体说明如下。

(1)当linkage_type=1时,链接指向一个包含网络信息的业务。一个应用的实例是,当用户需要额外的网络信息时,IRD通过该描述符切换到含有网络信息的业务。

(2)当linkage_type=2时,链接指向一个该网络的电子节目指南(EPG)业务。

(3)当linkage_type=4时,链接指向一个包含全面SI的TS流,该TS流所携带的SI至少包括该网络中所含其他所有TS流的SI信息。

2. 传输流信息

每个网络都是由一到多个传输流组成。对一个具体传输流,它包含传输流标识符与原始网络标识符、传输流物理特性、传输流所含业务列表信息。

1)传输流标识符与初始网络标识符

在一个网络中,传输流标识符与初始网络标识符共同唯一标识一个传输流。所谓初始网络,就是最初产生该传输流的网络,当传输流从一个网络进入另一个网络中时,传输流标识符与初始网络标识符将保持不变。这两个标识符出现在 NIT 表第二个大循环的第一层循环中,对应的字段为 transport_stream_id、original_network_id。

2)传输系统描述

根据目前 SI 的定义,传输流的通道一般属于卫星、地面或者有线三种传输网络中的一种。传输系统描述了传输流在任何一种网络中传输时,传输通道的参数。对一个传输流而言,无论哪一种传输网络,传输通道的物理参数总是唯一的。

(1)如果传输流在卫星传输网络通道中传输,使用以下参数对通道进行描述:频率、轨道位置、东西标志、极化方式、调制方式。这些参数由卫星传输系统描述符(satellite_delivery_system_descriptor)描述。该描述符出现在 NIT 表第二个大循环的描述符循环中。

(2)如果传输流在地面传输网络通道中,使用以下参数对通道进行描述:中心频率、带宽、星座、分层信息、码率、保护间隔、传输模式其他频率标志。这些参数由地面传输系统描述符(terrestrial_delivery_system_descriptor)描述。该描述符出现在 NIT 表第二个大循环的描述符循环中。

(3)如果传输流在有线传输网络通道中,使用以下参数对通道进行描述:频率、前向纠错外码、调制方式、符号率、前向纠错内码。这些参数由线缆传输系统描述符(cable_delivery_system_descriptor)描述。该描述符出现在 NIT 表第二个大循环的描述符循环中。

3)业务列表信息

通过 TS 分组,作为物理通道的传输流,可以分割成多个业务。所谓业务,就是运营商向用户提供一种服务的一个实例。在模拟电视时代,一个视频频道即相当于一个业务,在数字电视中业务的范围更为广泛,例如互动业务、数字广播业务等。传输流业务列表集中列出了该传输流中包含的业务以及业务的类型。

业务列表信息通过业务列表描述符(service_list_descriptor)描述。该描述符中包含一个循环,以描述多个业务。每个业务通过字段 service_id 唯一标识,通过字段 service_type 指明该业务的类型。service_id 相当于 PAT、PMT 中的 program_number。该描述符出现在 NIT 表第二个大循环的描述符循环中,对每个传输流,该描述符只出现一次。

3. 网络信息所关联的描述符

1)链接描述符(linkage_descriptor)

这一描述符用于给出与另一业务或传输流的链接。如果在 NIT 的第一级描述符循环中出现 Linkage 描述符,它指的是与这一网络运营商相关的某一业务。在这一循环结构中可包含多个该描述符,例如,它可指向"Paris Cable Info Channel"和"Paris Cable Text"。这一描述符的发送是可选的。描述符所代表的含意由 linkage_type 的值决定。linkage_type 的值可取为以下几种。

(1)0x01,该描述符指向一个包含网络信息的 service。一个应用的实例是,当用户需要额外的网络信息时,IRD 通过该描述符切换到含有网络信息的 service。

(2)0x02,该描述符指向一个该网络的电子节目指南(EPG)。IRD 只有通过使用该描述符才能解析 EPG。

(3)0x04,该描述符指向一个包含全面 SI 的 TS 流。该 TS 流所携带的 SI 至少包括该网络中所含其他所有 TS 流的 SI 信息。

2)多语言网络名称描述符(multilingual_network_name_descriptor)

该描述符用来传输一种语言或多种语言的网络名称。在任何 NIT 子表中该描述符至多只出现一次。

3)网络名称描述符(network_name_descriptor)

该描述符用于传输物理网络的名称,在任何 NIT 子表中该描述符只出现一次。

4)传送系统描述符(delivery_system_descriptor)

该描述符用来传输传输流的物理特性参数,供 IRD 调谐用。

5)业务列表描述符(service_list_descriptor)

该描述符用于列出每个 TS 流中的 service_id 和 service_type。在每个循环中 service 列表描述符只允许出现一次。该描述符的发送是可选的,但是一旦发送,则 service 列表必须是完整的。

6.2.4　业务群关联信息

业务群定义为一组业务的集合,并且这些业务可能横跨于不同的网络上。业务群关联信息(BAT)确定一个业务群与其业务的关联及相关信息。业务群信息通过 BAT 表和在表中插入的描述符进行描述。BAT 表可以由多个子表构成,每个子表对应一个具体的业务群,通过业务群标识符进行区分。

业务群信息分为业务群基本信息和业务列表信息。业务群信息组成如图 6-6 所示。

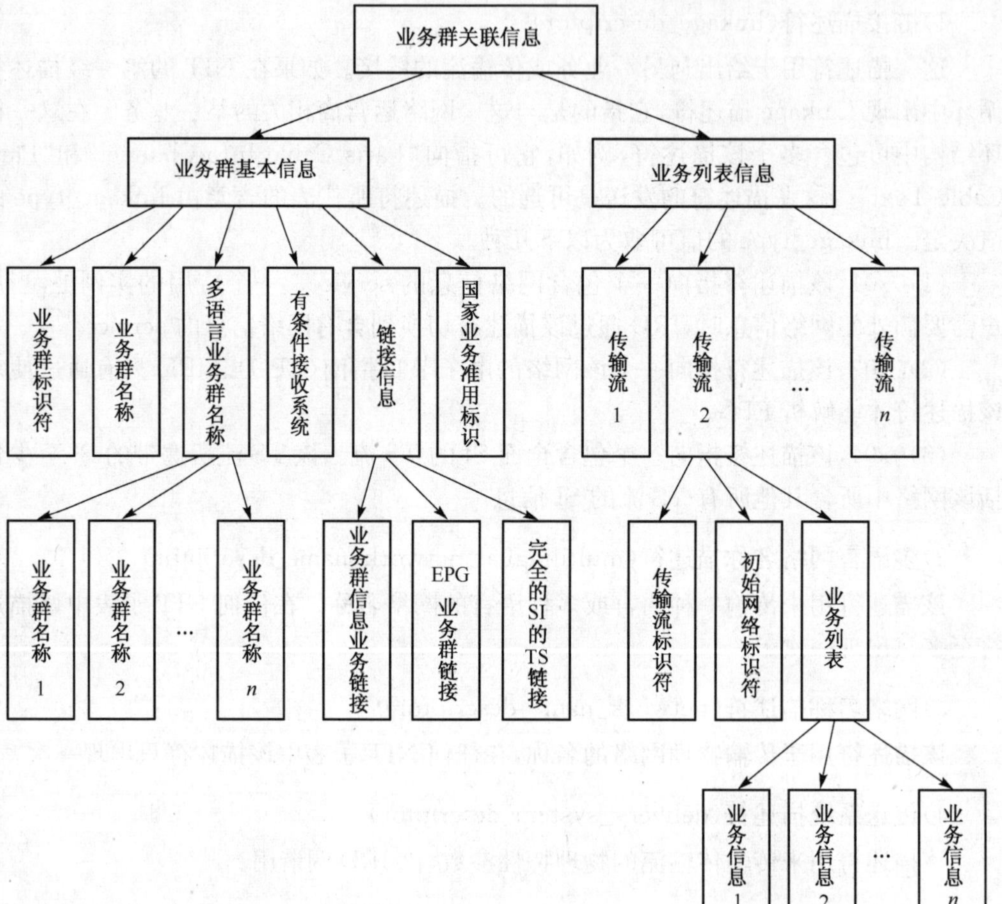

图 6-6　业务群信息组成

1. 业务群基本信息

(1)业务群标识符。业务群标识符是一个 16 位字段,唯一标识一个业务群,用以区别其他的业务群,该标识在 BAT 表中描述。其编码方法参见《数字电视广播业务信息规范》(GY/Z 174—2001)附录 D。

(2)业务群名称。以文本形式描述一个业务群的名称。业务群名称通过出现在 BAT 表第一个循环中的业务群名称描述符(bouquet_name_descriptor)进行描述。对于每一个业务群,该描述符是唯一的。

(3)多语言业务群名称。多语言业务群名称是用多个语言描述业务群的名称,终端可以根据需要,选择相应语言显示网络名称。多语言网络名称通过出现在BAT表第一个循环中的多语言业务群名称描述符(multilingual_bouquet_name_descriptor)进行描述。该描述符中包含一个循环,可以描述零到多种不同国家或不同民族语言的业务群名称。

(4)有条件接收系统。有条件接收系统指明某个业务群是否与一个条件接收系统相关联,条件接收标识通过出现在BAT表第一个循环中条件接收标识描述符(CA_identifier_descriptor)进行描述。与此业务群相关联的多个条件接收系统通过多次出现的描述符描述。在CA_identifier_descriptor中通过CA_system_id指明条件接收系统的类型。

(5)链接信息。用于给出一个业务群与其他描述业务群、EPG信息的业务的链接关系;也用来给出与其他包含完全SI信息(或至少所有其他TS流的信息)的TS流的链接关系。链接信息通过出现在BAT表中的链接描述符(linkage_descriptor)进行描述。

(6)国家业务准用标识。该描述符用于说明一个业务群在某个特定国家/地区是否可获得。对于解析该描述符的IRD,可以不显示那些无法获得的业务群,以避免困扰用户。

2. 业务列表信息

(1)传输流标识符与初始网络标识符。传输流标识唯一标识一个传输流,该传输流中的一个或多个业务属于该业务群。在EPG中,业务群中的传输流标识通过BAT中的传输标识符(transport_stream_id)与初始网络标识符(original_network_id)描述。这两个标识符出现在BAT表第二大循环的第一层循环中。

(2)业务列表。业务列表列出每个TS流中属于该业务群的业务和业务类型。通过业务列表可以定位某一业务群中的所有业务。业务列表的内容包括业务标识符及业务类型。通过BAT中的业务列表描述符(service_list_descriptor)描述。对应一个TS流,只有一个service_list_descriptor。只要BAT表被发送,就需要包含该描述符。

3. BAT所关联的描述符

(1)业务群名称描述符(bouquet_name_descriptor)。该描述符用于传送包含service的业务群名称,例如,"THE NEWS BOUQUET"、"HEAVEN MOVIE CHANNELS"等。在BAT表的子表中,该描述符只出现一次。在TS流的任何BAT子表中,该描述符的发送是强制的。

(2)多语言业务群名称描述符(multilingual_bouquet_name_descriptor)。可使用该描述符将业务群名称用一种语言或多种语言表示。在描述符循环中,该描述符只出现一次。是否使用该描述符是可选的。

(3)条件接收标识描述符(condition_access_identifier)。该描述符的发送是可选的;在第一级循环中只出现一次。它标识了将应用于BAT表内所列service的一个或多个CA系统。

(4)链接描述符(linkage_descriptor)。该描述符用于提供与其他业务或TS流的链接。如果在第一级循环中出现该描述符,它将指向一个与业务群供应商相关联的service。在这一级循环中linkage_descriptor允许出现多次,例如,它可以指向"Heaven movie teasers"和"Heaven text TV"。该描述符的发送是可选的。

(5)国家/地区业务准用描述符(country_availability_descriptor)。该描述符用于说明一个业务群在某个特定国家是否可获得。对于CA系统该描述符无意义。然而,对于解析该描述符的IRD,这是一个很好的特性,这样可以不显示那些无法获得的业务群,以避免困扰用户。

(6)业务列表描述符(service_list_descriptor)。该描述符列出每个属于该section内业务群的TS流中的业务和业务类型。这样就可以定位某一业务群内的所有业务。

6.2.5 业务描述

网络内播出的部分或全部业务通过业务描述(SDT)及其表中插入的描述符进行描述,其中有的业务属于现行传输流,也有的属于其他传输流。SDT由多个子表构成,每一个子表用来描述包含于一个特定的传输流中的业务。业务信息组成如图6-7所示。

1. 业务信息

(1)传输流标识符与初始网络标识符。用于标识一个业务所在的传输流。传输流标识通过SDT中的传输流标识符(transport_stream_id)和原始网络标识符(original_network_id)描述。传输流标识符与初始网络标识符共同唯一标识一个传输流,当传输流从一个网络进入另一个网络中时,传输流标识符与原始网络标识符将保持不变。

(2)业务标识符。唯一标识一个业务,用于在TS流中识别不同的业务。该标识符用SDT表中的service_id描述。

(3)链接信息。用于给出一个业务与其他描述业务信息及EPG信息的业务的链接。链接信息通过出现在SDT表中的链接描述符(linkage_descriptor)进行描述。链接描述符中的linkage_type值代表链接的类型。

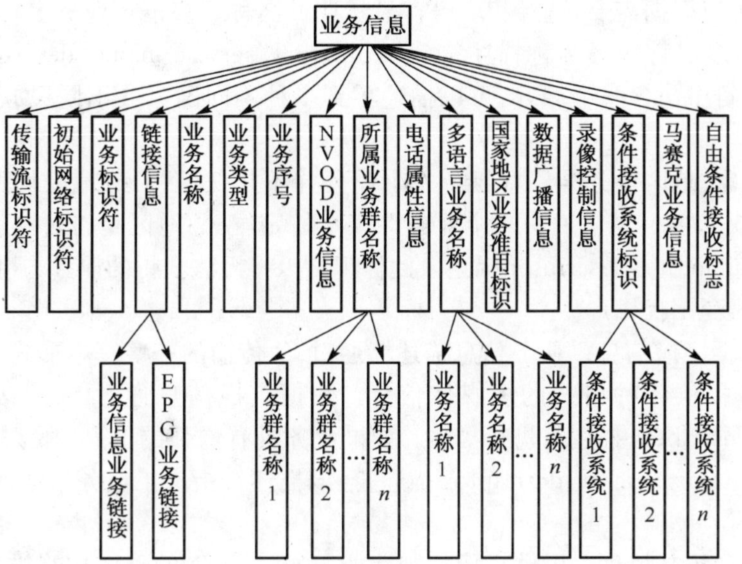

图 6-7　业务信息组成

linkage_type＝1,链接指向一个包含业务信息的业务。一个应用的实例是,当用户需要额外的业务信息时,IRD 通过该描述符切换到含有业务信息的业务。

linkage_type＝2,指向该业务的电子节目指南业务。

(4)业务名称和业务类型。每个业务标识符标识的业务都有一个业务名称和业务类型。通过出现在 SDT 表的业务描述符(service_descriptor)进行描述。对每个业务,该描述符最多可出现一次。

(5)业务序号。提供终端对业务的排序。业务标志符在一个 TS 流中具有唯一性,而业务序号在整个网络具有唯一性。业务序号通过 SDT 表中的业务序号描述符 service_number_descriptor 描述。

(6)NVOD 业务信息。携带了相同事件序列,且这些序列之间的起始时间存在一定偏移的一组业务被称为准视频点播。准视频点播(NVOD)业务描述符列出组成准视频点播业务的业务列表。用户可以在任意时间,通过选择合适的业务组找到最接近的事件起始点开始接收。

(7)所属业务群名称。该信息用来指明业务所属业务群的名称。通过 SDT 中的业务群名称描述符(bouquet_name_descriptor)进行描述。

(8)电话属性信息。指定一个电话号码,用于与调制解调器(PSTN 或有线)相结合建立窄带交互通道,通过 SDT 表中的 telephone_descriptor 进行描述。

(9)多语言业务名称。每个业务标识符标识的业务都可以有多个语言描述的业务名称,终端可以根据需要,选择相应语言显示业务名称。多语言业务名称通过出现在SDT表中的多语言业务名称描述符(multilingual_service_name_descriptor)进行描述。该描述符中包含一个循环,可以描述零到多种不同国家或不同民族语言的业务名称。

(10)国家/地区业务准用标识。一个业务并不是任何国家/地区均可获得的(与CA系统无关),本标识来说明一个业务在某个特定国家/地区是否可获得,用标识符country_availability_descriptor描述。此标识可以将无法获得的业务与可获得的业务区分开,以避免困扰用户。

(11)数据广播信息。业务信息描述能通过SI传输的一些基本形式的信息,扩展EPG为业务提供各种格式的多媒体信息。数据广播信息通过SDT表中的data_broadcast_descriptor描述符进行描述。如果业务具有增强的信息,那么在SDT表中就会出现data_broadcast_descriptor描述符,该描述符指出了业务增强信息在DC中的位置。

(12)录像控制信息。提供录像控制功能。通过SDT的录像控制描述符digital_copy_control_descriptor描述。

(13)有条件接收系统标识。有条件接收系统标识用来传送经过加扰业务的CA系统的相关信息。其向IRD的用户接口软件提供该业务已被加扰的信息和使用了哪个CA系统,然后由用户接口软件判断该业务是否能够获得。有条件接收系统标识用SDT中的CA_identifier_descriptor描述。此描述符可多次使用,以描述多个CA系统。

(14)马赛克业务信息。马赛克描述符将屏幕划分成小单元格,每个小单元格的显示内容和相应的信息(如业务群、业务、事件等)之间建立链接关系,从而将信息有机地组织,使许多业务群、业务或事件中的信息同时显示在屏幕上,便于快速浏览、找到业务。该描述符通过SDT中mosaic_descriptor进行描述。

(15)自由条件接收标志。此标志判断业务的组件是否受CA系统的加扰控制。通过SDT表的free_CA_mode来描述。

2. 业务描述所关联的描述符

(1)业务群名称描述符(bouquet_name_descriptor)。该描述符用来指明业务所属业务群的名称。一个业务可属于一个或多个业务群,所以此信息可以出现多次。

(2)条件接收标识描述符(CA_identifier_descriptor)。如果一个业务是经过加扰的,那么该描述符可用来传送CA系统的数据。该描述符在循环中至多出现一次。

(3)国家/地区业务准用描述符(country_availability_descriptor)。该描述符用于说明一个业务群在某个特定国家是否可获得。该描述符在每个SDT的业务循环中最多允许出现两次，一个描述符用于列出确定可获得某个业务的国家列表，另一个描述符用于列出确定不可获得某个业务的国家列表。如果在 SDT 中不包含该描述符，那么业务的可获得性状态为未定义。

(4)数据广播描述符(data_broadcast_descriptor)。通过数据广播信息，业务信息提供了一个链接，将业务信息与增强业务信息关联起来。业务信息描述了能通过 SI 传输的一些基本形式的信息，扩展 EPG 为业务提供各种格式的多媒体信息。如果业务具有增强的信息，那么在 SDT 表中就会出现 data_broadcast_descriptor，该描述符指出业务增强信息在 DC 中的位置。

(5)链接描述符(linkage_descriptor)。用于给出一个业务与其他描述业务信息的、EPG 信息的业务链接。

(6)马赛克描述符(mosaic_descriptor)。该描述符用来描述马赛克业务。

(7)多语种业务名称描述符(multilingual_service_descriptor)。对每个业务，该描述符最多可出现一次。该描述符中包含一个循环，可以描述零到多种不同国家或不同民族语言的业务名称，终端可以根据需要，选择相应语言显示业务名称。每个业务标识符标识的业务都可以有多个语种描述的业务名称。多语言业务名称通过出现在 SDT 表中的多语种业务名称描述符(multilingual_service_name_descriptor)进行描述。

(8)准视频点播参考描述符(NVOD_reference_descriptor)。该描述符用于列出准视频点播业务中的业务。

(9)业务描述符(service_descriptor)。该描述符包含一个业务基本的文字说明。该描述符的发送是强制的。

(10)电话描述符(telephone_descriptor)。指定一个电话号码，用于与调制解调器(PSTN 或有线)相结合建立窄带交互通道。

(11)录像控制描述符(digital_copy_control_descriptor)。提供录像控制功能。

6.2.6　事件信息

事件信息(EIT)用来描述网络内播出的部分或全部业务所包含事件的相关信息。其中有的事件属于现行传输流，也有的属于其他传输流。事件信息通过 EIT 表和在表中插入的描述符进行描述。EIT 可以由多个子表构成，每一个子表提供每个业务中按时间顺序排列的事件信息。事件信息组成如图 6-8 所示。

1. 事件信息

(1)传输流标识符与初始网络标识符。此标识符标明了传送事件服务所在的传送

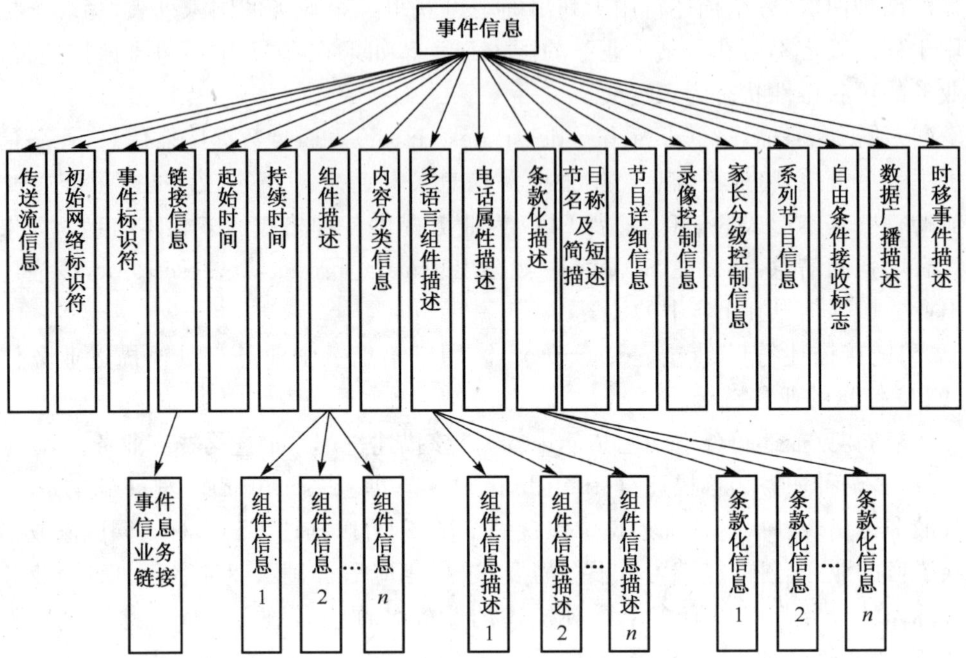

图 6-8　事件信息组成

流和传输流所在的网络。通过 EIT 中的传输流标识符(transport_stream_id)和原始网络标识符(original_network_id)描述。

(2)事件标识符。指示所描述事件的标识号,在一个业务定义内是唯一分配的。该标识符用 EIT 表中的 event_id 描述。

(3)链接信息。通过出现在 EIT 表中的链接描述符(linkage_descriptor)进行描述,用于给出与一个包含相应事件信息的业务链接。

(4)起始时间。事件开始的时间。该标识符用 EIT 表中的 start_time 描述。

(5)持续时间。事件的长度,即事件持续的时间。该标识服用 EIT 表中的 duration 描述。

(6)组件描述。一个事件可能包含多个流,组件描述指明与一个事件相关的所有流的属性,包括流内容、组件流类型及其描述信息。在 EIT 表中,用组件描述符(component_descriptor)描述。

(7)内容分类信息。提供事件的分类信息。在 EIT 表中用 content_descriptor 描述。在 SI 中已经明确定义了节目分类规范。content_descriptor 具有循环结构,一个事件可以分为多种类别。

(8)多语言组件描述。每个组件都可以有多个语言描述文本信息,终端可以根据需要，选择相应语言显示。多语言组件描述通过出现在 EIT 表中的多语言组件描述符(multilingual_component_descriptor)进行描述。

(9)电话属性描述。指定一个电话号码，用于与调制解调器(PSTN 或有线)相结合建立窄带交互通道。通过 EIT 表中的 telephone_descriptor 进行描述。

(10)条款化描述。用于描述关于事件的文本信息。条款化的节目信息包括演职员表，体育比赛中的运动员名单等。条款化信息和详细节目内容描述总字节长度不能超过 16×256 字节。

(11)节目名称及简短内容描述。用于描述事件名称和事件的简短文本描述。节目名称及简短内容描述通过 EIT 表中的 short_event_descriptor 进行描述。要求此文本长度不能超过 256 字节。

(12)自由条件接收标志。此标志判断事件的组件是否受 CA 系统的加扰控制。通过 EIT 表的 free_CA_mode 描述。

(13)数据广播描述。事件信息描述了能通过 SI 传输的一些基本形式的信息，扩展 EPG 为事件提供各种格式的多媒体信息。数据广播信息通过 EIT 表中的 data_broadcast_descriptor 描述符进行描述，提供一个将事件信息与增强事件信息关联起来的链接。

(14)家长分级控制信息。家长分级控制信息用于给出一个基于年龄或其他原则的节目控制级，以避免儿童收看到不适当的节目。其通过 EIT 表中的家长分级控制描述符(parental_rating_descriptor)描述。

(15)时移事件描述。用于标识某个作为另一个事件的时移拷贝事件。通过 EIT 表中的 time_shifted_event_descriptor 进行描述。

(16)运行状态。运行状态表示出事件的各种状态，如未运行、几秒后开始、暂停、运行等。运行状态通过 EIT 表的 running_status 来描述。

2. 事件信息所关联的描述符

(1)组件描述符(component_descriptor)。该描述符用于指明与一个事件相关的所有流。该描述符可能在描述符循环中多次出现。

(2)内容描述符(content_descriptor)。该描述符用于指出事件内容的分类。

(3)数据广播描述符(data_broadcast_descriptor)。如果业务具有增强的信息，那么在 SDT 表中就会出现 data_broadcast_descriptor，该描述符指出业务增强信息在 DC 中的位置。

(4)短事件描述符(short_event_descriptor)。该描述符用于传输事件名称和事件的简短文本描述。为了指明标题和文本是用何种语言书写的，还要发送一个语言代码。

(5)扩展事件描述符(extended_event_descriptor)。该描述符内的信息用来补充short_event_descriptor 内的信息,用来传送比 short_event_descriptor 的容量更大的关于事件的文本信息。

(6)链接描述符(linkage_descriptor)。用于给出一个业务与其他描述业务信息的、EPG 信息的业务的链接。

(7)多语种组件描述符(multilingual_component_descriptor)。该描述符用于将描述事件基础流的文字转换成一种或多种文字。

(8)家长分级描述符(parental_rating_descriptor)。该描述符用于给出一个基于年龄或其他原则的节目控制级,以避免儿童收看到不适当的节目。

(9)电话描述符(telephone_descriptor)。指定一个电话号码,用于与调制解调器(PSTN 或有线)相结合建立窄带交互通道。

(10)系列节目描述符(series_descriptor)。该描述符描述系列节目的信息。

(11)录像控制描述符(digital_copy_control_descriptor)。提供录像控制功能。

6.2.7 电子节目指南映射信息

EPG 映射信息(EMT)包含 EPG 提供商信息以及扩展 EPG 内容信息的入口。扩展 EPG 信息是指在基本 EPG 信息之外,通过数据轮播传递的 EPG 信息,信息的内容被封装成具有多级目录结构的文件系统,称为扩展 EPG 内容信息(XECI)。这些信息的入口采用 EPG 映射表 EMT 及在表中插入的描述符进行描述。EMT 表可以由多个子表构成,每个子表对应一个 EPG 提供商,通过 EPG 提供商标识符进行区分。

EPG 映射信息组成如图 6-9 所示。

1. 基本信息

(1)提供商标识符。提供商标识符(epg_provider_id)唯一确定一个提供商。该标识符在 EMT 表中的固定结构中描述。在 EMT 表中,该标识符同 version_number 字段共同唯一标识一个子表。

(2)提供商名称。每个提供商都有一个提供商名称。提供商名称通过出现在EMT 表第一个循环中的提供商名称描述符(epg_provider_name_descriptor)进行描述。

(3)多语言提供商名称。每个提供商都可以有多种语言描述的提供商名称。多语言提供商名称通过多语言提供商名称描述符(multilingual_epg_provider_name_descriptor)进行描述。该描述符中包含一个循环,可以描述零到多种不同国家或不同民族语言的提供商名称。

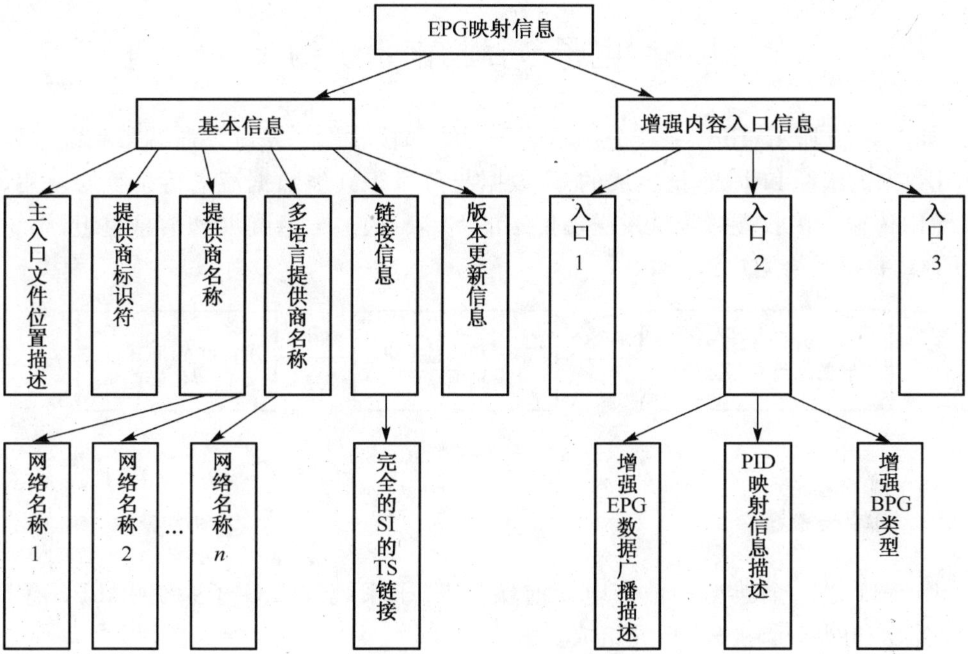

图6-9　EPG映射信息组成

(4)链接信息。用于给出与其他包含完全SI信息(或至少所有其他TS流的SI信息)的TS流的链接关系。链接信息通过出现在EMT表第一个循环中的链接描述符(linkage_descriptor)进行描述。

(5)版本更新信息。为了及时的获取EPG更新的信息,版本更新信息记录了每一个业务的SIT_SCHEDULE当前版本。通过它可以即时监控EPG的更新。版本更新信息通过EMT表中的版本更新描述符version_descriptor描述。

2. 扩展EPG入口信息

扩展EPG内容信息是对基本EPG内容的补充,描述网络、业务群、业务、事件、EPG提供商以及广告等方面的扩充信息。扩展EPG内容信息由一个带分级目录结构的树型文件系统表达,其中至少包含一个XML描述文件作为文件系统入口,该文件的路径与文件名在EMT表的indexfile_location_descriptor中给出,表示为["CEPG:F:"+文件相对路径+文件名]。IRD通过入口文件取得扩展EPG的内容信息。入口文件中可以描述整个扩展EPG的内容,也可以描述部分扩展EPG的内容。对于未在该文件中描述的内容,可以通过对其他文件的链接指示获得。

6.3 电子节目指南系统构成

如图 6-10 所示,EPG 系统分为前端子系统和接收端子系统。前端子系统主要负责 SI 数据的组织和生成,把生成的 SI 数据与节目等其他数据流进行系统层复用,在 TS 流中传输。接收端接收从发送端传送的 SI 表,通过信息提取和信息重组,组织构成 EPG,并显示给用户。

图 6-10　EPG 系统流程图

6.3.1 前端子系统

图 6-11 是一个典型的数字电视前端 EPG 子系统。EPG 子系统由 EPG 编辑、EPG 播出和网络传输三个单元组成。

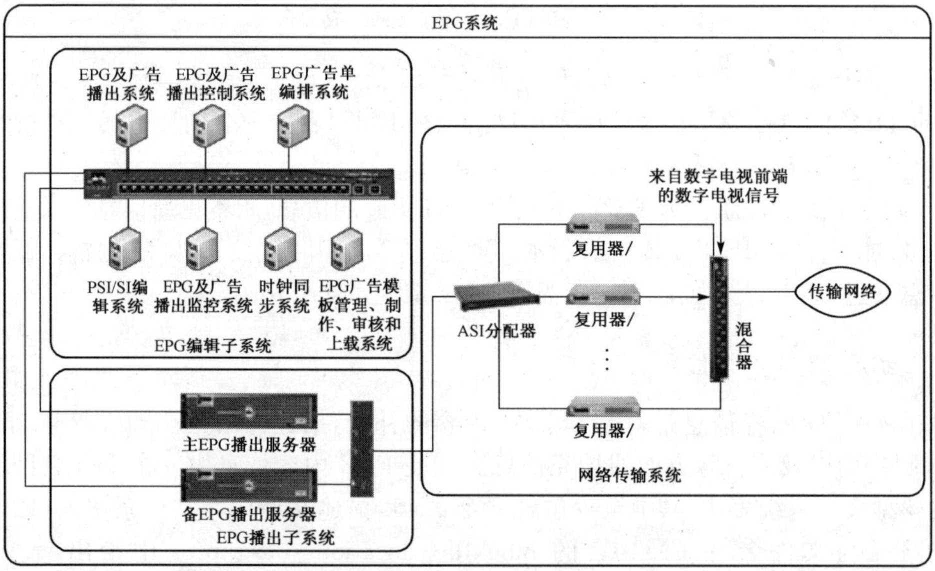

图 6-11　数字电视前端 EPG 子系统结构

EPG 编辑主要包括 PSI/SI 编辑、EPG 节目单编辑、EPG 广告编辑、数据库服务器及播出控制等组成,生成与节目相关的 EPG 信息表或文件;EPG 播出单元将各种

EPG 信息表数据打包成 TS 包，通过码流播出卡输出(ASI)，送入复用器，与节目码流复用。

EPG 信息插入利用复用器的 SI/PSI 数据插入和 PID 映射功能实现。EPG 生成系统将多个传输流的 EPG 信息按照一定的规则分配不同的 PID 标识，复用器依照同样的规则进行 PID 映射。通过建立节目单信息库，可实现丰富简洁的菜单操作界面。节目单更改后，新播发文件自动更新并定时发布，方便客户收视和操作。

1. 硬件体系

1)EPG 节目单编辑工作站

节目单编辑工作站主要负责节目单的制作、编辑、上传等，一般的计算机就可以完成工作任务。

2)EPG 播出服务器

EPG 播出服务器硬件由中央处理器、高速内存、码流输出卡，组成高端的播出服务器还含有 RAID 控制卡、冗余操作系统、冗余电源等，并具备多块码流输出卡，每块码流输出卡都带有独立的处理器和内存，保证 EPG 数据输出，降低对服务器处理能力的依赖程度。硬件结构如图 6-12 所示。

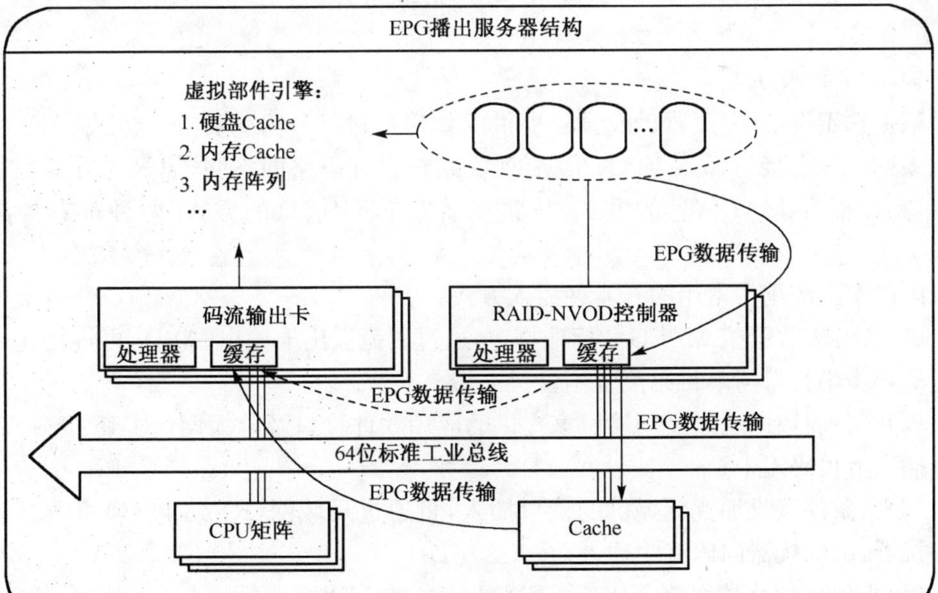

图 6-12　播出服务器硬件结构

3)播出双机热备份方案

如图 6-13 所示,两台播出服务器同时播出完全一样的 TS 流,并同时送入智能切换器,正常情况下 TS 流从主服务器输出,备用服务器输出在 TS 流处于断开状态。智能切换器监测 TS 流,如发现 TS 流中断、码流中 PAT 表丢失或码流中的空包数达到一定值(触发条件可设),可自动断开主服务器输入的码流而接通备份服务器输入的码流。当主服务器的输出由工作人员修复后,将担任原来备机的工作角色,重新进入双机热备份状态。

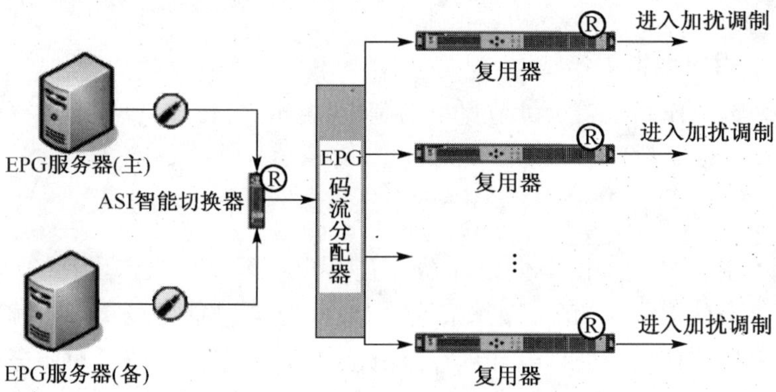

图 6-13　双机热备份方案

4)EPG 插入方式

根据选用设备(复用器、加扰器)提供的物理接口可分为两类插入方式:ASI 接口或以太网 RJ-45 接口插入 EPG;根据 EPG 系统设计思路的不同,插入的方式也有几种:单频点播发 EPG 信息的方式、每频点播发 EPG 信息的方式、两种都有的混合方式。

国内实际应用中常用的有 4 种插入方式:

(1)将各表数据按 MPEG-2 标准打包,通过码流播出卡输出(ASI),再将之送入复用器的异步串行口与节目码流复用;

(2)将各表数据通过复用器厂家提供的应用软件接口及以太网(RJ-45 接口)由复用器插入节目码流中;

(3)由条件接收加扰器提供的接口插入,可通过局域网(RJ-45 接口)将数据表送入加扰器,由加扰器向码流中插入;

(4)非独立加扰器可将 EPG 和 EMM 信息按 MPEG-2 标准打包,通过 DMM 输出(ASI)到复用输入口。

2. 软件体系

如图 6-14 所示，SI-EPG 系统软件主要有注入器网管软件、SI 分析提取软件、SI 编辑软件、SI 发送软件、EPG 编辑软件和权限管理控制软件等。

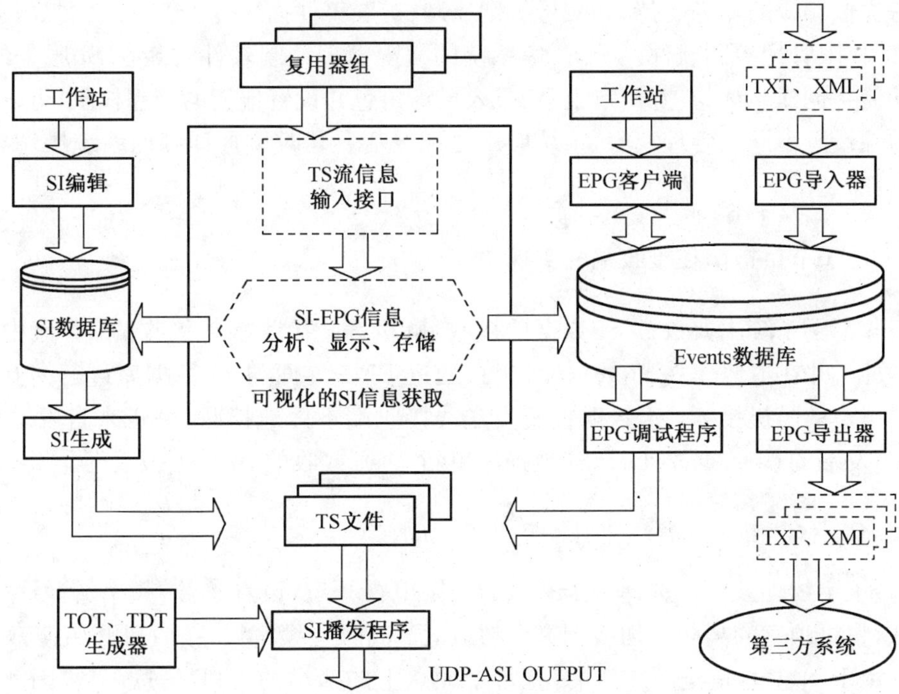

图 6-14　软件体系结构图

(1)注入器网管软件。注入器网管软件可以远程设置注入器的 IP 地址、发送和接收 TS 流的 IP 地址和端口、输出码率和接收 TS 包的 PID 等。

(2)SI 分析提取软件。SI 分析提取软件可以提取 SI 信息并对 SI 信息进行分析，如可对 NIT、BAT 和 SDT 表进行分析，提取有价值的数据。也可将部分 SI 信息如 EIT 表的信息直接输出到数据库、XML 文件或 TXT 文件。

(3)SI 编辑软件。业务信息编辑用于对电视台数字视频广播业务信息(包括网络信息、业务群信息、传输流信息、服务信息、时间信息等)的配置与修改，业务信息设置中根据不同 ID 号和描述信息来合理分配资源。界面采用树行结构，采用分级菜单的方式将整个 SI 表结构展现出来，能够方便的对相关 SI 内容进行编辑。

(4)SI 发送软件。SI 发送软件可以通过相应模块进行 PID 的偏移设置和信息发送的设置。主要是编辑 SI 各信息表的发送参数，如 PID、发送多播端口等。通常，NIT 只发送到指定的主频点，SDT 发送到各自复用器中，TDT/TOD 发送到所有复用器中。

(5)节目单编辑软件。信息编辑软件用于电子节目指南(EPG)的录入与编辑，也就是数字视频广播播出节目单的录入与编辑；通过可视化的方式，可设定多个标准的描述符提供相应的业务支持，如父母级别控制、扩展事件描述等。

(6)权限管理控制软件。SI-EPG 系统的权限管理控制软件安装在 SI 服务器中，主要功能是创建系统管理员、审批员、录入员等角色并设置他们的管理权限，可以根据业务单独设置不同的管理权限，系统应用更加灵活。同时增加详细的系统操作日志，明确责任人。

6.3.2 电子节目指南在接收端的实现

接收端子系统主要负责 SI 数据的接收、解析等。接收端从接收的 TS 流中解析出 SI 数据，并在本地建立 SI 数据库，用户通过 EPG 界面与 SI 数据库进行交互。为了方便用户的随机接入，SI 数据重复发送。接收端不停地接收、解析来自发端的 SI 数据，当发端的 SI 数据改变时，SI 数据库更新，否则接收的 SI 数据被丢弃。

1. EPG 信息解析流程

(1)锁定物理频道。选择一个有效的数字电视频道，设置参数：频率、符号率和调制方式，将机顶盒的高频头切换到这个频道上。高频头锁定后，接收机开始搜索 EPG 信息。由于 NIT 表是全网广播的，且每个频点上的播发的 NIT 信息一致，因此在锁定高频头后首先搜索 NIT 表。

从理论上讲，应该先接收当前频道上 PID 固定为 0x0000 的 PAT 表，将 PAT 表解析保存，从 PAT 中取得 NIT 表的 PID。如果从 PAT 表中找不到 NIT 的 PID，则将 NIT 的 PID 默认为 0x0010。

(2)分析 NIT 表。通过分析 NIT，可以得到系统内共存在多少个传输流，以及每个传输流的主要物理参数，即 transport_stream_id(传输流号)、frequency(频率)、modulation(调制方式)和 symbol_rate(符号率)。通过这些参数，接收机可以将高频头分别锁定到系统内所有的频点上。

(3)分析 SDT 表。接收 SDT 表，PID 固定为 0x0011。用先前记录的 transport_stream_id 在 SDT 表里进行匹配，匹配成功后对 SDT 表里的每一个 service_id(业务号)进行循环分析，记录下与之关联的一组 transport_stream_id(传输流号)和 service_id(业务号)。

通过分析 SDT 表，机顶盒可以得到一系列相关数据，包括 service_id（业务号）、service_name（业务名称）、service_type（业务类型）等内容。

(4)分析 PAT 表。读取 PAT 表(PID=0)，通过分析有几个 program_number（节目号）字段就可以知道在当前频道上实际已经播放了多少个节目（服务），同时记录取得当前传输流（物理频道）上的服务对应的 PMT 表的 PID(program_map_PID)。

(5)分析 PMT 表。读取 PMT 表，从 PMT 表中，获得服务信息具体的 PID 列表，假设该服务是一个视频节目，那么就可以获得该节目的视频 PID(video_pid)、音频 PID(audio_pid)和时间同步参考 PID(pcr_pid)等。PMT 表的 PID 是从 PAT 表中获得的，如 program_map_PID=0x1001。

(6)分析 EIT 表。读取 EIT 表，通过分析 EIT(PID=0x0012)表，可以取得节目的具体描述信息，例如，节目名称、节目简介、播放时长、开始时间、观看等级等。由此可以组织我们所需要的节目菜单，实现所谓的电子节目指南(EPG)。图 6-15 为一个菜单组织示例。

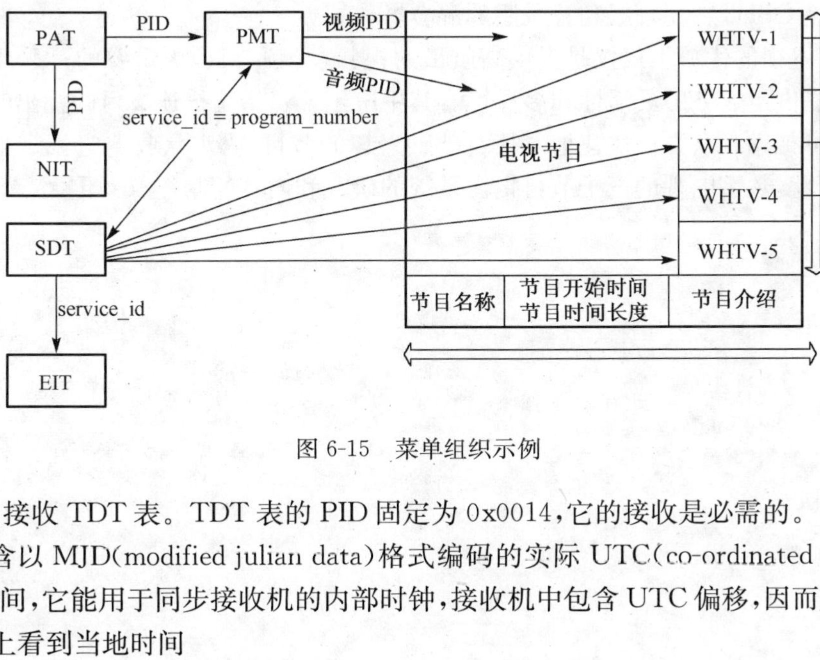

图 6-15　菜单组织示例

(7)接收 TDT 表。TDT 表的 PID 固定为 0x0014，它的接收是必需的。日期时间表中包含以 MJD(modified julian data)格式编码的实际 UTC(co-ordinated universal time)时间，它能用于同步接收机的内部时钟，接收机中包含 UTC 偏移，因而用户就能在屏幕上看到当地时间

2. EPG 在用户终端的显示

当电视节目和 EPG 应用同时启动时，用户看到的可能是节目画面和 EPG 界面的叠加。用户所看到的电视画面从前到后可以分为三层，依次为图形层、视频层和背景层。

这里的图形层即OSD(On Screen Display)层，OSD界面显示技术指在图像画面上叠加文字显示，使屏幕为用户提供更多的附加信息。视频层为当前正在收看的节目(解码出来的活动图像)；背景层为没有播放电视节目和启动EPG菜单时的屏幕图像。EPG画面在图形层上构建，EPG画面是由许多EPG图形元素(如按钮、文本框、选择按钮、组件容器等)叠加而成。界面的状态转移是通过消息驱动机制来实现的，在消息响应函数中进行消息处理。见到的屏幕图像是这三层叠加(blend)后的图像。

EPG界面显示的总体思想是，SI数据与图形元素分离。包括以下几部分：SI数据的检索与提取，EPG界面所需的图形元素库，状态转移控制器，OSD层绘制引擎，OSD层图、视频层、背景层及这三层的混合操作。SI数据检索模块快速的检索本地SI数据库，提供EPG界面当前输入焦点所需的数据信息；图形元素库提供界面所需的图形元素，该库存于本地接收机的ROM中；状态转移控制器接收用户遥控器的输入，提供当前显示所需的活动焦点，控制状态转移地流向；OSD绘制引擎决定显示的相应算法，接收各模块提供的数据，完成EPG界面图形元素合成后的OSD层图形绘制，最后是OSD层、视频层和背景层的混合操作。

数字电视的优势不仅仅是提供高质量的视频、音频节目，更重要的是采用数字化处理后，提供了业务的灵活性和多样性。其中电子节目指南描述节目的播出时间和简要内容，可帮助观众方便快速地寻找自己感兴趣的节目，为观众收看电视带来极大的帮助。因此，数字电视的电子节目指南系统的研究和内容的制作意义重大。

第 7 章 数据广播与监控平台

7.1 数据广播系统概述

数字电视的发展为计算机与电视的融合提供了契机。数字视频与数据并没有本质的区别，它本身就是一种特殊的数据，计算机网络可以用来传送数字音视频数据，同样传送数字电视的信道也可以用来传送其他数据。在数字电视广播信道中，传送数据（即数据广播，data broadcasting）将是未来数字电视系统的重要组成部分和基础。未来数字电视系统许多应用（包括交互式应用）都将建立在数据广播的基础上，如远程购物、远程教学、交互电视、软件下载等。

在广播信道中传输数据在模拟电视系统中已经存在，如字幕（captioning data）和图文电视（teletext）。在模拟信号中，传播数据信息主要是利用场消隐期间（VBI）来加载数据信息。在模拟电视信号中，传输数据信息有相关的标准，如美国关于字幕信息的标准 EIA-608-A，欧洲关于图文电视的标准 EBU SPB 492（1992）“Teletext specification（625-line television systems）”。

数据广播是利用电视广播的覆盖网或其他独立数据广播通道，采用数字技术传送数据的信息技术和业务的总称，是把数据化的音频、视频、图像、动画、软件以及计算机文件等各种数据信息通过数字电视广播信道以“推送”方式传输到用户的数字电视机顶盒、数字电视接收机、个人计算机和移动设备等智能设备的一类新型业务，是继声音广播（音频）和图像广播（视频）之后出现的第三种广播技术。

为了保证不同厂商生产的数据广播产品的互操作性，数字电视的标准化组织推出了各自的标准，也就是通常所说的数据广播标准，其中主要有 DVB 和 ATSC 的标准。

在数据广播标准的制定及应用方面，欧洲开展得较早。DVB 关于数据广播方面的标准主要有两个。

（1）EN 301 192：“ Specification for the Transmission of Data Services in DVB Bitstreams”。

（2）TR 101 202：“ Implementation Guidelines for Data Broadcasting”。

ATSC 的标准有 ATSC A/90“Data Broadcast Standard”和 ATSC Document A/91 “Implementation Guidelines for Data Broadcast Standard” 两个。

本章着重以 DVB 的数据广播标准对数据广播的原理和方式来进行简述。

7.2　数据广播的方式

数据广播的技术实现方式是使用单一的系统前端，连续、滚动地将已编辑整理好的内容，经过信息传输网络，传送到地域广泛的、能够处理这些数据的用户智能设备上，如计算机、机顶盒、手提设备等。信息内容由视频、音频、软件程序、流式数据或者其他数字多媒体组成。

图 7-1 给出 DVB 数据广播协议的纵览。

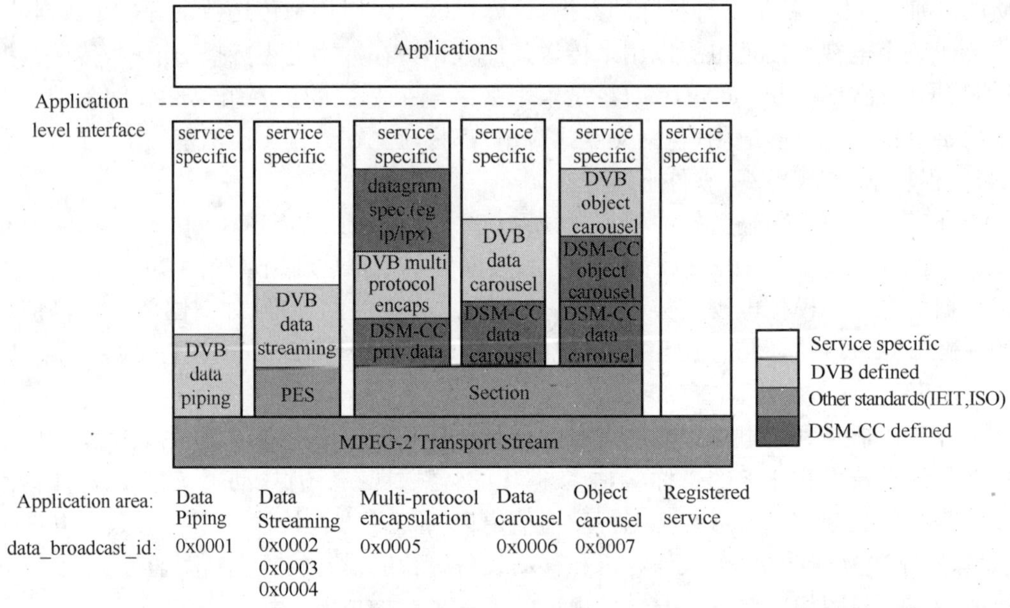

图 7-1　DVB 数据广播协议纵览

数据的传输基于 MPEG-2 TS 流，如图 7-1 所示，针对不同的应用类型，DVB 定义了以下六种数据传输方式：

(1)数据管道(data piping)；

(2)数据流(data streaming)；

(3)多协议封装(Multi-Protocol Encapsulation，MPE)；

(4)数据转盘(data carousel)；

(5)对象转盘(object carousel)；

(6)用户自定义的服务(registered service)。

数据广播标准针对不同的应用类型规定了不同的服务级别，除用户自定义外，其余传输方式在标准中都做了规范。

7.2.1　数据管道和数据流

数据管道是一种非常简单的、端到端的、异步数据传输机制，它直接将数据放在 MPEG-2 的 TS 包的载荷域中传输。标准中没有提供对所传数据进行分割和重组的机制，这由应用来确定。

数据流用于需要面向数据流、端对端数据传输的数据广播业务，它将数据打在 MPEG-2 的 PES 包中传输，主要分为以下三种方式。

异步数据流。不需要附加的时间信息，适用于数据流的传输对时间没有任何要求的情况(如 RS-232)。其数据报格式在 DVB 文本中没有具体定义，可根据应用自己定义。

同步数据流。适用于解码端对数据流的输出有精确时间要求的情况(如 E1，T1)，解码端的时钟将同步于节目参考时钟(PCR)。

被同步数据流。除对自身解码时间的要求外，还要与其他的 PES 流同步(如视频、音频)。

数据管道和数据流协议限定较少，可以由用户自定义来生成多种私有的传输方式。

7.2.2　DSM-CC 协议栈

与网络通信协议类似，数据广播的前端和数据广播接收端之间必须有一套通信协议来保证数据的传输和解码。为了提供不同服务提供商和用户之间的互操作性，需要制定一个开放性的协议来规范用户接口。MPEG-2 标准的第 6 部分 DSM-CC(Digital Storage Media-Command and Control)就是这样一种开放协议，它是一个 ISO/IEC 标准，主要考虑的是在接收端资源有限的情况下如何实现快速的数据传输。

MPEG-2 ISO/IEC 13818-1 标准在附录中包含一个 DSM-CC 的早期版本，它只提供对 MPEG-2 传输流的简单控制。随后，DSM-CC 扩展成一个独立的标准：13818-6，它包含一整套协议，可用于实现视频点播和家庭购物等服务。

DSM-CC 独立于网络传输层。因而，任何基于 DSM-CC 的应用都不需要考虑低层的网络传输协议。同一应用可以在不同的宽带网络上进行传输，如 MPEG-2 传输流网络、IP、ATM 或其他网络。

DSM-CC 是一个协议栈，由许多不同的协议组成，DSM-CC 协议栈主要提供浏览、选择、下载和对各种类型比特流的控制能力。通过“会话”(session)思想，它也提供管理网络和应用资源的机制。会话是传送一个服务所需资源的集合。协议栈的另一个重要特性是它的灵活性，协议栈中的每一个标准可以单独使用，也可以和其他协议结合在一起使用。

DSM-CC 协议栈是多协议封装、数据转盘、对象转盘的基础协议栈。

7.2.3 多协议封装

多协议封装是为在 DVB 网络中以 MPEG-2 传输流传输其他数据网络的协议数据提供的一种机制。DVB 的多协议封装标准针对传输 IP 协议进行了优化，也适用其他传输协议，用于数据报的单播、组播以及广播传输。多协议封装标准使用 48 位的 MAC 地址来寻址接收机，但是 DVB 没有规定如何为接收机分配 MAC 地址。在广播网络中传输数据，数据安全非常重要，多协议封装通过支持数据包加密以及动态变化 MAC 地址等机制保证数据的安全传输。

多协议封装方式包含一整套 IP 协议数据封装的解决方案，包括数据链路层的纠错校验以及 TS 包封装时的优化实现。MPE 方式使用私有段传送 IP 数据报，并专门根据 IEEE LAN/MAN 标准制定封装方法。数据报被封装在 datagram_section 中，datagram_section 结构可以有效地被映射到 TS 报的负载中进行传送。图 7-2 表示 IP 数据报是如何被封装入 DVB MPE datagram_section 中，之后再被分割，加上 MPEG 传输包头信息最终形成 188 字节的 MPEG 传输包的整个流程。

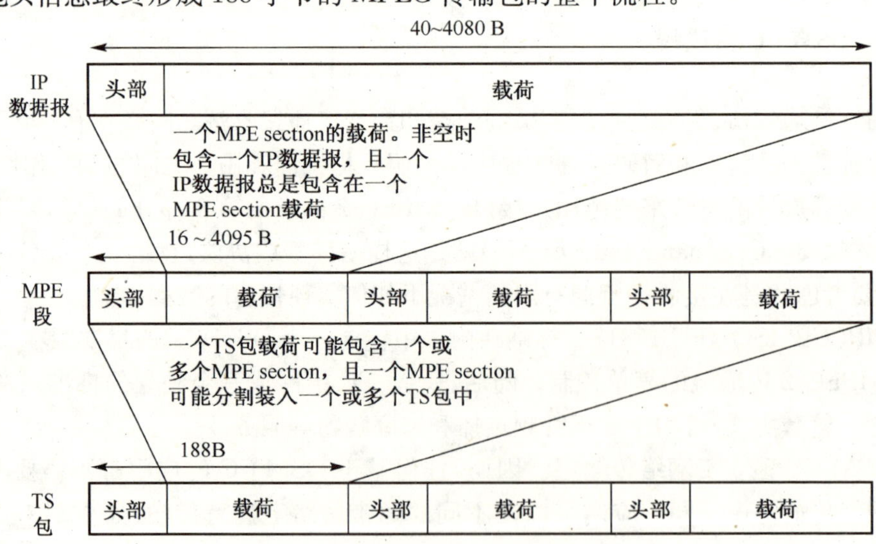

图 7-2 IP 数据进行 DVB 多协议封装

由于受用户端机顶盒硬件资源的限制，网络的最大传输单元 MTU 为 1KB。因此，datagram_section 中的有效负载长度最大只能为 4KB。IP 数据包大小可以达到 65536B，要在 datagram_section 中来传送 IP 数据包，必须将 IP 数据包分割成不大于 4KB 的片段再送到数据链路层。在数据链路层 IP 数据包被封装成为 datagram_section。同样，当 MPE datagram_section 传送到接收端，解封装后的 IP 数据包重组形成一个完整的 IP 数据包。

7.2.4　数据转盘

在数据转盘(data carousel)中，服务器向多个用户反复传送特定的数据块，客户在接收端可以接收到任何一个传送的子集。例如在图文电视系统里，整套的图文电视页面被插在视频信号流中反复传送。当用户需要接收一个页面时，只需等待这个页面的下一次传输。用户需要等待的时间取决于循环传送一次整个转盘所需的时间，这与转盘的大小成正比，与数据传送的速率成反比。

数据转盘是一个传输层之上，应用层之下的协议。基于数据转盘可以有很多种应用，适合于在没有回传信道的条件下，从服务端往客户端传输(或广播)具有一定格式的数据。

数据在数据转盘中被分为许多模块(module)，模块又被分割成块(block)。块是用来传送的单位，模块可以组织在一起形成组(group)，组可以进一步组织在一起形成超组(supergroup)。每个模块的信息以及模块之间的组织关系，由 DSM-CC 中的 download control messages 提供。图 7-3 显示出这种结构。

数据转盘有两种可能的结构：单层控制结构和双层控制结构。最简单的情况是单层控制结构，它只有一个控制层，用来描述一个单一的组，它在控制消息 Download InfoIndication(DII)中传送。在这种情况下 SDT/EIT 表中将包含一个 data_broadcast_descriptor 描述符指向这个 DII 消息。这个消息包含大量信息，如对模块的描述和指向 DownloadDataBlock(DDB)消息的指针等。DDB 是数据转盘中用来传送数据的基本单元，一个 DDB 包含一个数据块，服务器向用户传送的数据块都放在 DDB 的 blockDataByte 域。

双层控制结构有两个控制层：顶层通过一个 DownloadServerInitiate(DSI)消息来描述一个超组中的不同的组，它包含指向 DownloadInfoIndication 消息的指针和许多对组的描述信息。第二层中，和单层结构一样，组中的模块信息是通过 Download InfoIndication消息来传送的。

1. 数据转盘工作原理

在数据转盘中用到大量的 SI 信息和少量的 PSI 信息，数据转盘工作过程与这些

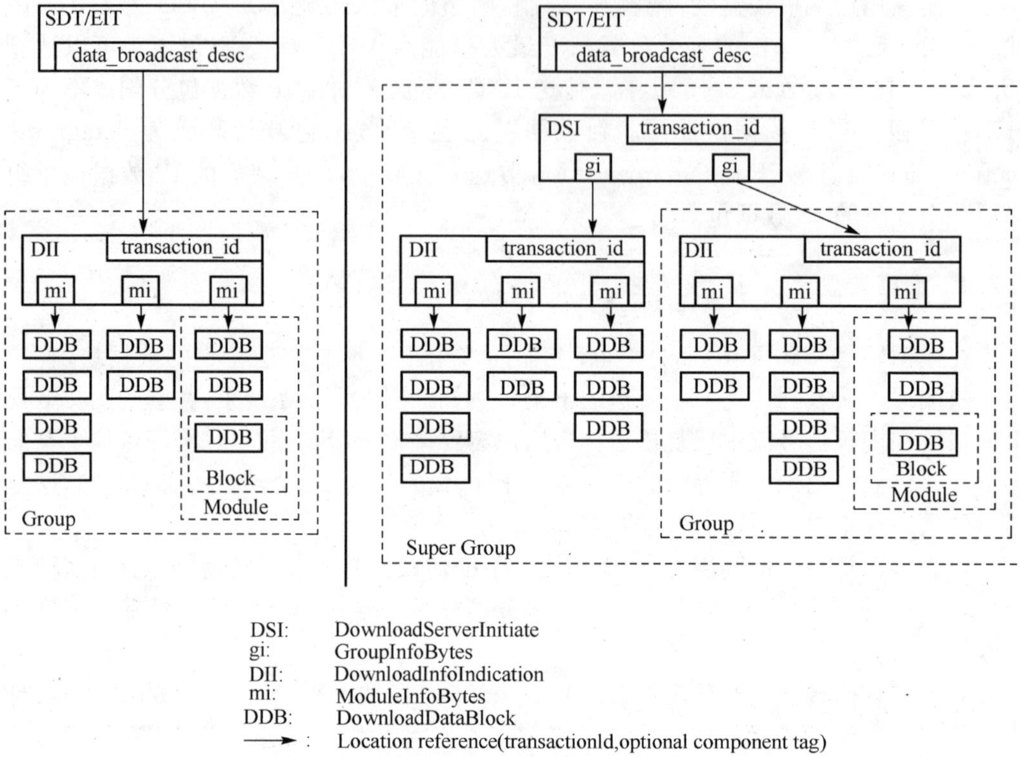

图 7-3　数据转盘结构

服务信息是紧密相关的。DVB 提供了两种接入数据转盘的方法：通过 SI 信息接入和通过 PSI 信息接入。

通过 SI 信息接入，要在系统的 SDT 或 EIT 表中加入 data_broadcast_descriptor。这种方式有一些好处：

(1) transaction_id 被用来明确标记数据转盘中的顶层消息；

(2) 由于在 data_broadcast_descriptor 中加入了 transaction_id，任何数据转盘的更新（它会反映在 transaction_id 的变化中），都可以在 SI 信息中检测出来；

(3) 描述符不消耗任何的 PSI 资源（PSI 表空间是非常珍贵的资源）。

由于 SI 信息的重复周期较长（最长可达 2s），通过 SI 信息接入方式可能增加数据转盘服务接入时间。

通过 PSI 信息接入时，在 PMT 表中加入 data_broadcast_id_descriptor，通过它来接入数据转盘。这种方式可以使服务接入时间缩短（PSI 重复时间是 0.1s），但是也存在如下问题：

(1) 由于没有 transaction_id 指明顶层消息，所以只有来自一个数据转盘的单一控制消息可以在指定的基本流中传输；

(2)data_broadcast_id_descriptor 没有提供任何关于控制消息超时的信息,这些信息还要从 SI 表中获得,因此 SI 中的描述符还是要被传送并被解码的。

按其实现结构可将整个工作过程分成三个层次。如图 7-4 所示。

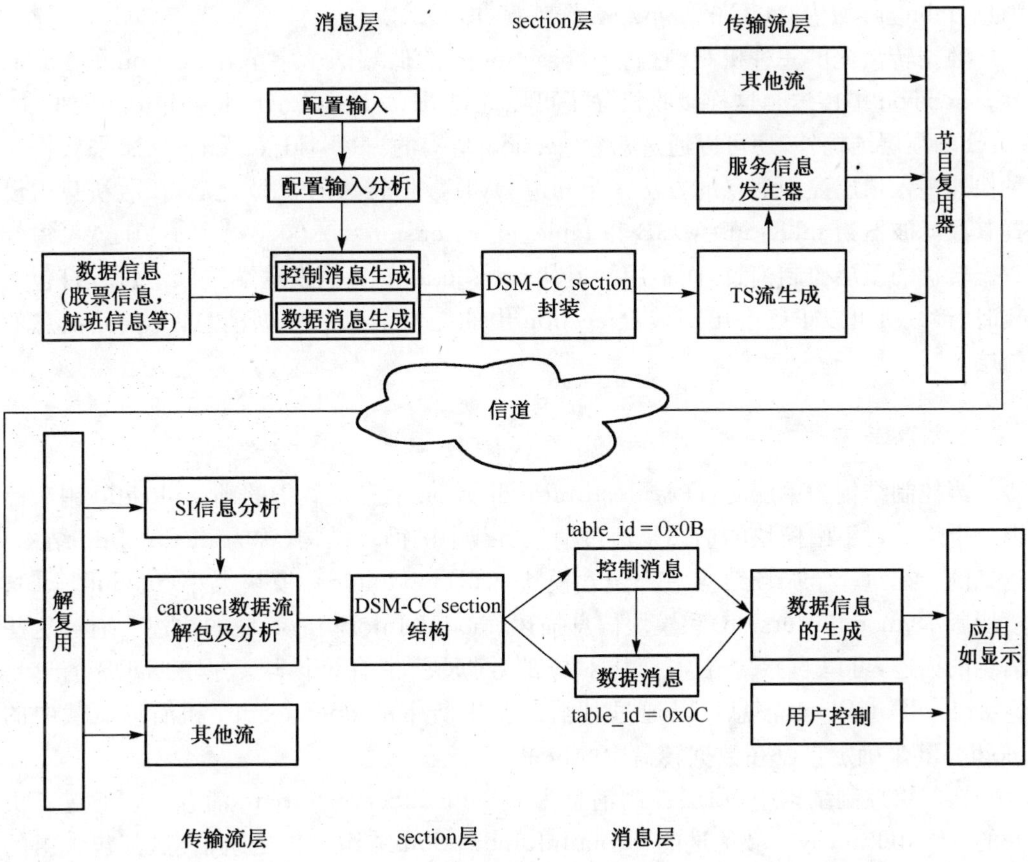

图 7-4　数据转盘实现结构图

2. 传输流层

在传输流中,通常一个数据转盘的数据只在一个 PID 值中传输。在 PMT 表中,这个 PID 的流类型(stream_type 域)值被设为 0x0B,以标识 carousel 数据。其后跟随一个 stream_identify_descriptor,包含一个 component_tag 标签,以标记这个流。同时在相关的 SDT 或 EIT 中包含一个或多个 data_broadcast_descriptor。

通过 PMT 表和相应的 SDT 或 EIT 表,接收机可以把带有数据转盘的数据包滤出,并解出封装在其中的 DSM-CC section。DSM-CC section 是从 MPEG-2 中的 private section 派生出来,当指定了必要参数后这些 section 可在 MPEG-2 解码芯片中直接获得。

3. section 层

在封装有 DSM-CC 消息的 DSM-CC section 中，table_id 域为 0x3B 的是下载控制消息，table_id 域为 0x3C 的是下载数据消息(即 DDB)。

数据转盘提供一种机制：它将 transactionId 的低端两个字节在 section 的 table_id_extension 中传送。这样接收机除了可以通过 data_broadcast_descriptor 找到 carousel 的顶层结构外，还可以通过观察 section 结构的 table_id_extension 域来获得一种快速进入顶层控制消息的方法。当知道 DVB 数据转盘的 PID 之后，接收机只需设置其段滤波器为 table_id＝0x3B 和 table_id_extension＝0x0000 或 0x0001 就可得到数据转盘的顶层控制消息，而不用知道其 transactionId。当发送端按以上过程打包封装时，接收机可以正确解出封装在 section 中的控制消息和数据消息，并找到消息的顶层。

4. 消息层

当控制结构为单层时，DownloadInfoIndication 消息负载中的 downloadId 用来标识一个组。对组中模块的描述是通过消息负载中的循环结构(称为 moduleInfo 结构)达到的。在每一个循环结构中都包含模块标识(moduleId)、模块大小(moduleSize)、模块版本(moduleVersion)和模块信息描述(moduleInfoByte)等域的描述。通过这些信息的描述，可以直接定位本模块对应的数据块(带有该模块数据的 DDB 消息)。DownloadDataBlock 消息可以通过其消息头中所带的 downloadId 和消息负载中的 moduleId 来确定自己在数据转盘中的位置。

在双层控制结构中，顶层控制消息为 DownloadServerInitiate 消息。它通过其负载的 privateDataByte 域传送的 GroupInfoIndication 结构来传送组信息，其包含组的标识(groupId)、组的大小(groupSize)和组信息描述(groupInfoByte)等几个域。其中 groupId 域的值应等于描述该组的 DownloadInfoIndication 消息的 transactionId 值，通过它可以由第一层控制结构指向第二层控制结构。双层控制结构中组模块的描述和单层结构相同。

数据转盘是对象转盘的基础，为通过广播网络传送数据对象提供了必要的基础。

7.2.5 对象转盘

对象转盘(object carousel)协议是在 DSM-CC 数据转盘协议的基础上建立的。与数据转盘不同，它提供一种传输有结构的对象方法。这些对象包括目录、文件、流等，实际的对象存放在前端的服务器中，服务器使用对象转盘协议将被传送的对象周期性地插入 DVB 信道的 MPEG-2 TS 流中，在接收端再对这些对象进行有选择接收。

目录和文件是对象的内容部分，流对象则指向广播数据中的其他流，流对象可以在一个特定的流中广播 DSM-CC 事件的信息。

DVB 对象转盘中的对象数据是通过逐级的封装：先将对象封装在消息中，再将消息封装在数据转盘中，数据转盘的消息又封装在 section 中，最后才插入 TS 流中传输，封装的过程如图 7-5 所示。

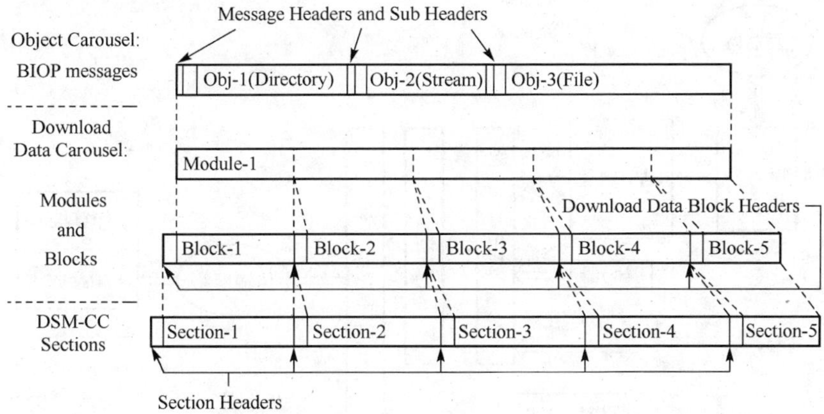

图 7-5　在模块、块和 MPEG-2 section 中封装 BIOP 消息

从广播网络中获取一个对象，并找到该对象所在的模块，需要经过以下几个相应的步骤：

(1)通过 PSI 和 SI 信息找到 DownloadServerInitiate 消息，由此获得服务网关对象的可互操作对象引用(Interoperable Object Reference，IOR)；

(2)由上面所得到的 IOR 来获得相应的 ServiceGateway 对象，这个对象中包含整个对象转盘的顶层结构，相当于根目录结构；

(3)通过输入的相应参数，在 ServiceGateway 对象中逐级查找(这个过程也可以分解为多个解析 IOR 与解析目录对象的过程)，并获得所需的最终对象的 IOR；

(4)通过该 IOR 找到相应的数据模块，并将找到的对象返回给相应的应用。

这是一个简单的描述过程，其内部处理需要一个较复杂的过程。

对象转盘中，解析数据转盘控制消息和数据消息的过程与 7.2.4 节的过程大致相同，这里不再详述。其中的 SI 或 PSI 接入过程有一些细微的不同，data_broadcast_descriptor 描述符的 data_broadcast_id 值应设为 0x0007，在这个描述符中应包含一个对象名称的循环描述。对象转盘中的 transactionId 域值使用与数据转盘也基本相同，它也具有双重作用即为控制消息提供标识和版本控制机制。

7.3 数据广播应用

数据广播技术已经发展了很多年，在各级各类的前端系统中都得到了应用。比如多协议封装技术就一直被应用于 IP OVER DVB 传输，IP OVER DVB 系统融合了 DVB 和 IP 两种技术的优势，其典型结构如图 7-6 所示。

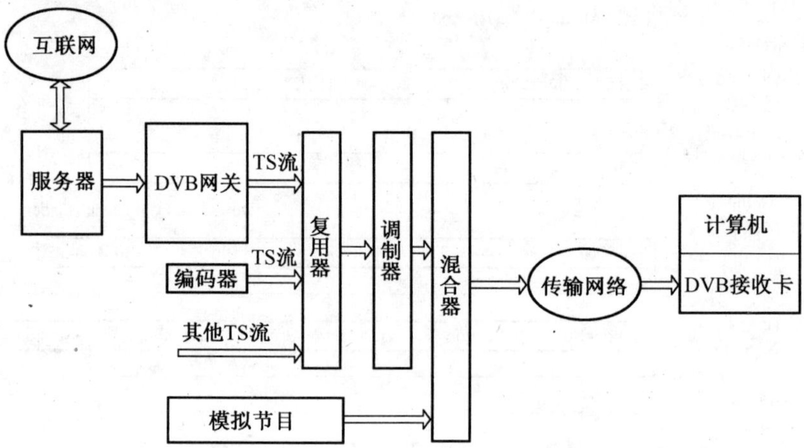

图 7-6 IP OVER DVB 系统结构

前端各种信源服务器与 DVB 网关通过局域网的方式相连，其节目源多种多样，可以是磁盘中的文件，也可以是 IP 流媒体数据包和动态的 IP 数据流信息。DVB 网关根据配置捕获 IP 数据报，按照 MPE 封装格式将 IP 数据包封装成 MPEG-2 传输流，接着通过复用器复用并调制到信道上进行传输。在接收端，用户将信号进行解调、纠错、解扰、解复用等处理，根据 MPE 封装结构恢复出 IP 报文，再传输给指定的应用。

7.4 监控平台概述

随着数字电视网络规模的不断扩大及数字电视业务的快速发展，各种服务于数字电视业务类型的设备数目不断增多，机房监控已成为各广电部门业务管理的核心部门。对于数字电视运营商来说，安全播出是重中之重的任务，建立机房实时集中监控系统，集设备运行、网络监控系统于一体的综合网管平台极其必要。

一个专业的数字电视监控平台应该是一个集 GIS 监控大屏、设备参数监控、报警接收与处理、专家诊断、故障处理等功能于一体的网络监控调度平台和一个集数字电视节目信源监控、节目编码监控、开路节目监控、节目网络覆盖监控系统等模块于一体的内容监控服务平台组成，同时配备 GPS 时钟模块显示。平台架构如图 7-7所示。

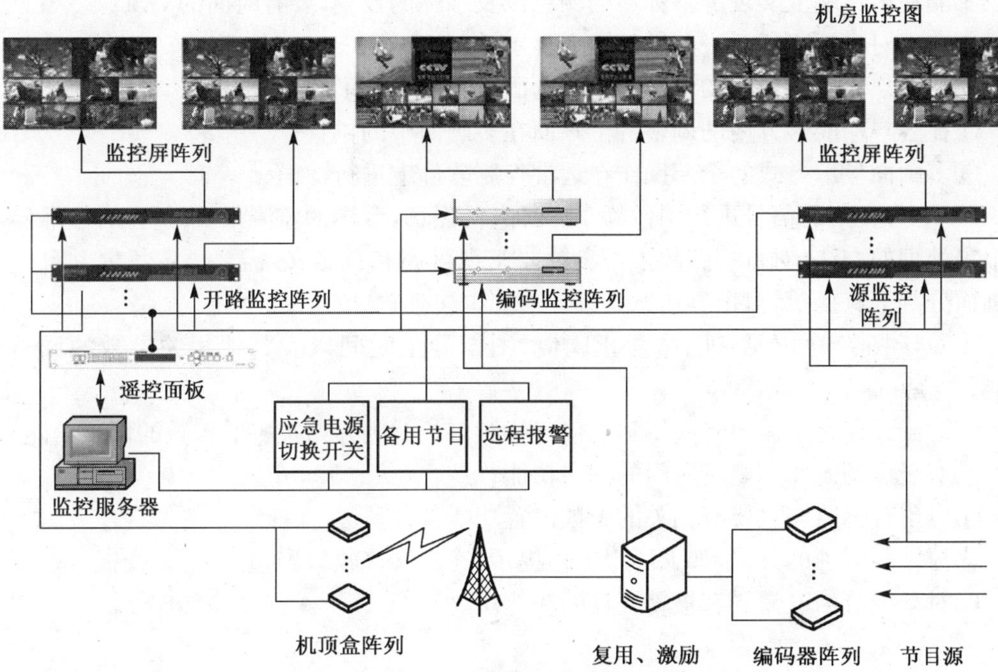

图 7-7　监控平台架构

整个平台包含若干子系统，这些子系统可分别建设、独立运行，具体包括以下几个子系统（后期可能扩展更多新子系统）。

(1)GIS 监控大屏子系统：负责显示所有监控子系统的功能，包括相应声光报警系统。

(2)设备参数监控子系统：负责监控主机房内的传输设备、室外发射机、直放站及发射机房设备的指标及运行状态。

(3)安防监控子系统：负责前端系统主机房及发射机房的动力设备及环境状态，主要包括 UPS、发电机组、空调、温湿度、安防、门禁等。

(4)节目信源监控子系统：负责进行各数字电视节目源的参数实时动态监控。

(5)节目编码监控子系统：负责进行各数字电视节目编解后的参数实时动态监控。

(6)开路节目监控子系统：负责进行各数字电视节目无线开路的实时收录动态监控。

(7)网络覆盖监控子系统：负责进行各数字电视节目发射覆盖的效率实时动态监控。

技术要求如下。

(1)实现多画面分割显示并且伴有相应的音频 UV 表显示,每个画面都有相应的标签显示,画面分割可以多样化。包括:

①能在客户端上实现屏幕标签的颜色以及字体的设置,要有时间的 OSD 显示;

②实现对多画面任意一路进行放大显示;

③在客户端能够快速的切换指定多画面显示的分割形式;

④在客户端能够方便的调整各个画面在多画面中的位置;

⑤多画面显示方式的全部操作在远端控制软件上进行。

(2)对每一路的信号进行图像静止、无伴音、黑场、台标的监测报警,并且有停播停止报警处理的方法,对每一路的报警参数要实现可调和自定义,需要语音报警并且在多画面分割上有提示,对报警信息有统计功能。包括:

①对于图像静止要有图像静止阈值、图像静止时间以及其他相关参数的调整功能;

②对于无伴音也需要有阈值和无伴音持续多长时间开始报警的参数的调整功能;

③对于黑场需要有黑场时间的调整功能;

④对于台标监测也要有相关的参数设置功能;

⑤报警有多种的方式,如大屏报警框提示、客户端接收报警,并进行语音提示;

⑥对于报警信息需要有报警统计的功能。

7.5 数字电视节目监控

数字电视节目监控包括节目源监控、节目编码监控及开路节目监控三个部分。由于节目源及节目编码处理一般集中在前端机房,开路节目监控反映了用户终端接收的节目,因此又分为前端节目监控和终端节目监控。节目监控节点如图 7-8 所示。

7.5.1 前端节目监控

数字电视节目源主要来自卫星接收节目、SDH 光纤干网下传节目、电视台电台自办节目等。其中的信号格式包括 QPSK 信号、ASI 信号、DS3 信号、IP 信号等。考虑到监控需要,一般的数字卫星接收机、编码器、复用器、加扰器等设备都应具有至少两个 ASI/IP 输出接口,这样就至少具有一个输出口用做监视。

从播出安全角度来讲,需要对每一节点信号都进行监测。但实际应用中主要针对两个节点进行监测:下行信号 QPSK 监测和复用器输出传输流监测。

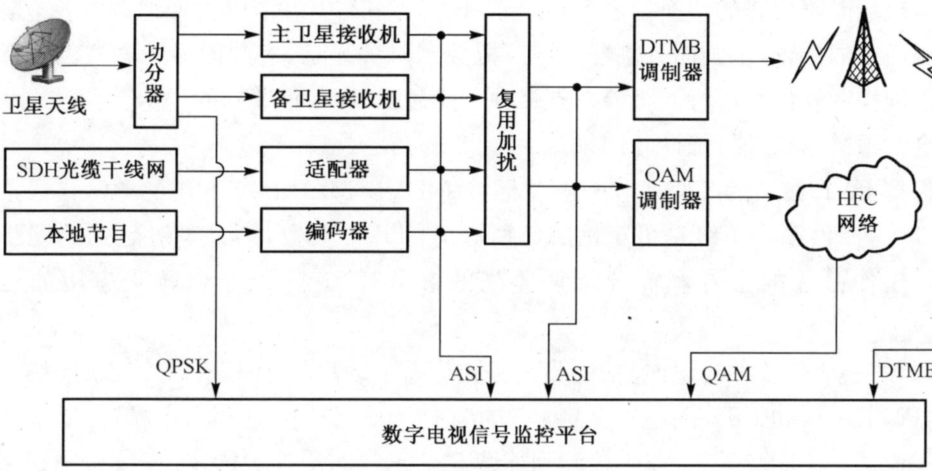

图 7-8　节目监控示意图

1)QPSK 监测

采用 QPSK 监测板卡,监测卫星中频信号。该方式能够实时监测、分析卫星信号的强度与质量,并根据设定的报警规则报警。监测板卡从卫星信号功分器接收 QPSK(中频)信号,实时进行卫星信号质量监测,分析信道功率、误码率(BER)、MER、信噪比等指标,检测非法入侵信号,并根据报警规则,在信号质量发生突变时进行告警。运营商可依据实际情况自定义报警规则库,使报警提示符合自己的要求,面对非法信号入侵时切换信号,确保非法信号被阻截在源头的同时播出信号不间断。

2)传输流监测

数字电视传输流中不但含有音视频压缩信号,也含有将压缩信号正确解码所需要的业务信息 PSI/SI。PSI/SI 信息一旦出错,虽然节目的播出和传输没有中断,但用户无法正常接收,业务将出现事实上的中断。例如,PMT 出错,解码器找不到该业务视音频和 PCR 的位置而不能正确解码;CAT 出错找不到 ECM 和 EMM 的位置而无法正确解扰解码;PCR 超过容限将有可能出现画面静帧或丢帧现象。因此,对数字电视 TS 流的监测和分析也非常必要。

3)前端节目监控实现

信号源连接到多画面分割器设备,配合等离子大屏幕构成多画面任意组合虚拟电视墙,内嵌模拟数字时钟显示,并通过嵌入式系统实时对视音频丢失、视频静帧、黑场监测、台标监测等信号进行监测报警。实现对输出图像质量及设备运行状况实时监控。

客户端能够快速的切换指定多画面显示的分割形式,并能够方便地调整各个画面在多画面中的位置,多画面分割器内嵌模拟数字时钟显示,多画面显示方式的全部操作在远端控制软件上进行。报警时有多种方式显示,屏幕报警框的提示、语音提示等,系统会对报警信息进行统计并记录。

根据DVB最新的TR101290测试标准将DVB/MPEG-2 TS流的测试错误指示分为3个等级:第一等级是可正确解码所必需的几个参数,第二等级是达到同步后可连续工作必需的参数和需要周期监测的参数,第三等级是依赖于应用的几个参数。

(1)第一级共6种错误,包括同步丢失错误、同步字节错误、PAT错误、连续计数错误、PMT错误和PID错误。

①传送码流同步丢失:连续检测到连续5个正常同步视为同步,连续检测到2个以上不正确同步则为同步丢失错误。传输流失去同步,标志着传输过程中会有一部分数据丢失,直接影响解码后画面的质量。

②同步字节错误:同步字节值不是0x47。同步字节错误和同步丢失错误的区别在于同步字节错误传输数据仍是188或204包长,但同步字头的0x47被其他数字代替。这表明传输的部分数据有错误,严重时会导致解码器解不出信号。

③PAT错误:标识节目相关表PAT的PID为0x0000,PAT错误包括标识PAT的PID没有至少0.5s出现一次,或者PID为0x0000的包中无内容,或者PID为0x0000的包的包头中的加密控制段不为0。PAT丢失或被加密,则解码器无法搜索到相应节目;PAT超时,解码器工作时间延。

④连续计数错误:TS包头中的连续计数器是为了随着每个具有相同PID的TS包的增加而增加,为解码器确定正确的解码顺序。TS包头连续计数不正确,表明当前传输流有丢包、包重叠、包顺序错现象,会导致解码器不能正确解码。

⑤PMT错误:节目映射表PMT标识并指示了组成每路业务的流的位置,及每路业务的节目时钟参考(PCR)字段的位置。PMT错误包括标识PMT的PID没有达到至少0.5s出现一次,或者所有包含PMT表的PID的包的包头中的加密控制段不为0。PMT被加密,则解码器无法搜索到相应节目;PMT超时,影响解码器切换节目时间。

⑥PID错误:检查是否每一个PID都有码流,没有PID就不能完成该路业务的解码。

(2)第二级共6种错误,包括传输错误、CRC错误、PCR间隔错误、PCR抖动错误、PTS错误及CAT错误。

①传输错误：TS 包头中的传送包错误指示为“1”，表示在相关的传送包中至少有 1 个不可纠正的错误位，只有在错误被纠正之后，该位才能被重新置 0。而一旦有传送包错，就不再从错包中得出其他错误指示。

②CRC 错误：在 PSI 和 SI 的各种表中出现循环冗余检测码 CRC 出错，说明这些表中的信息有错，这时不再从出现错误的表中得出其他错误信息。

③PCR 间隔错误：PCR 用于恢复接收端解码本地的 27MHz 系统时钟，如果在没有特别指明的情况下，PCR 不连续发送时间一次超过 100ms 或 PCR 整个发送间隔超过 40ms，则导致接收端时钟抖动或者漂移，影响画面显示时间。

④PCR 抖动错误：PCR 的精度必须高于 500ns 或 PCR 抖动量不得大于±500ns。PCR 抖动过大，会影响到解码时钟抖动甚至失锁。

⑤PTS 错误：播出时间标记 PTS 重复发送时间大于 70ms，则对帧图像正确显示产生影响。PTS 只有在 TS 未加扰时方能接收。

⑥CAT 错误：TS 包头中的加密控制段不为 0，但却没有相应的 PID 为 0x0001 的条件接收表 CAT，或在 PID 为 0x0001 的包中发现非 CAT 表。CAT 表将指出授权管理信息 EMM 包的 PID 并控制接收机的正确接收，如果 CAT 表不正确，就不能正确接收。

(3)第三级共 10 种错误，包括 NIT 错误、SI 重复率错误、缓冲器错误、非指定 PID 错误、SDT 错误、EIT 错误、RST 错误、TDT 错误、空缓冲器错误及数据延迟错误。第三等级错误并非是 TS 传输流的致命错误，但会影响一些具体应用的正确实施。

7.5.2　终端节目监控

负责进行各数字电视节目无线开路的实时收录动态监控。

如图 7-9 所示，通过接收天线和机顶盒阵列实时接收空中信号，机顶盒阵列输出音视频复合信号连接到多画面分割器设备，配合等离子大屏幕构成多画面任意组合虚拟电视墙，内嵌模拟数字时钟显示，并通过嵌入式系统实时对视音频丢失、视频静帧、黑场监测、台标检测等检测信号进行检测报警。

7.6　设备参数监控子系统

负责监控主机房内的传输设备、室外发射机、直放站及发射机房设备的指标及运行状态。通过局域网或者 Internet 将控制单元与监控中心相连，实现整个系统的集中检测与控制。包括：

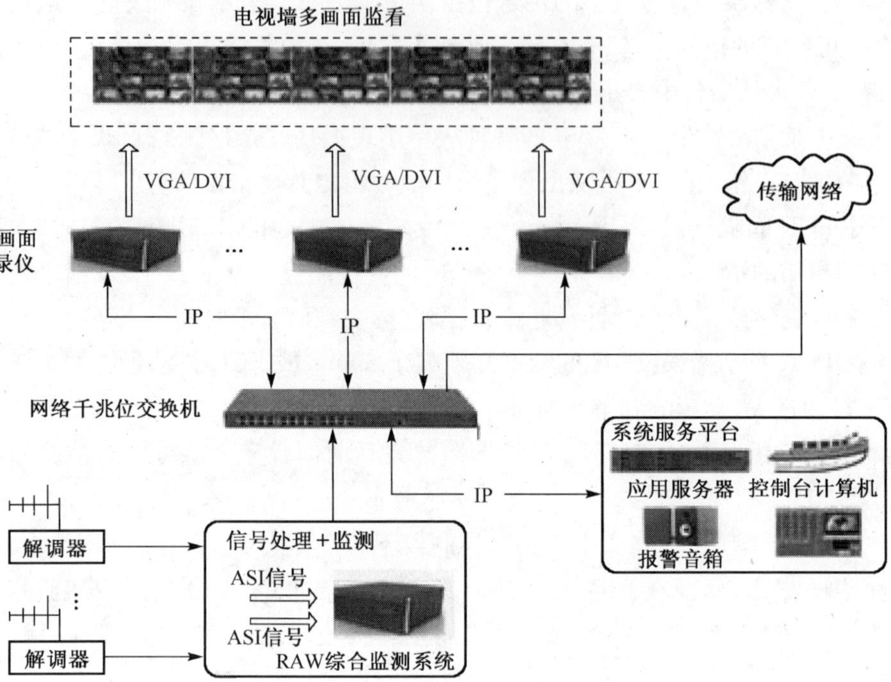

图 7-9 地面数字电视开路信号监测系统结构示例

(1)光传输设备监控信息,光纤及光端机的状态信息等;

(2)编解码复用设备监控信息,实时编解码设备及复用器设备;

(3)切换矩阵设备监控信息,包括编解码切换矩阵系统设备、监播音视频切换矩阵设备;

(4)播出前端设备监控信息,如媒资系统设备、播控系统设备、播出系统设备;

(5)运营前端设备监控信息,条件接收系统设备、用户管理系统设备、插截播系统设备;

(6)发射机状态信息,包括输出功率及其整机效率、工作频率准确度、相位噪声、频谱、带肩、带内平坦度、带外杂散、MER、预校正、激励器、功率放大模块等。

7.7 网络覆盖监控子系统

负责进行各数字电视节目发射覆盖的效率实时动态监控。

通过部署于网络中各站点的采集终端传回的信号,实时判断信号质量,并将相关故障信息(如场强、误码率、MER、BER 等)回传至监控大屏,并提示报警。

设备配置包括工程机顶盒(解码器)、故障判断设备和网络传输设备。

附录　常用专业术语与缩略语

8-VSB	Trellis-Coded 8-Level Vestigial Side-Band	八电平残留边带调制
AC	Alternating Current	交流电
ASI	Asynchronous Serial Interface	异步串行接口
ATSC	Advanced Television Systems Committee	美国地面数字电视传输标准
BAT	Bouquet Association Table	业务群关联表
BCD	Binary Coded Decimal	二一十进制编码
BCH	Bose、Ray-Chaudhuri 与 Hocquenghem 缩写	纠错编码
BER	Bit Error Rate	误码率
CA	Conditional Access	条件接收
CAS	Conditional Access System	条件接收系统
CAT	Conditional Access Table	条件接收表
C-OFDM	Coded Orthogonal Frequency Division Multiplexing	编码正交频分复用
CRC	Cyclic Redundancy Check	循环冗余校验
DAB	Digital Audio Broadcasting	数字音频广播
DIT	Discontinuity Information Table	间断信息表
DTMB	Digital Terrestrial Multimedia Broadcasting	中国地面数字电视标准
DTS	Decoding Time Stamp	解码时间戳
DVB	Digital Video Broadcasting	数字视频广播
DVB-C	Digital Video Broadcasting-Cable	欧洲数字电视广播传输标准(有线)
DVB-S	Digital Video Broadcasting-Satellite	欧洲数字电视广播传输标准(卫星)
DVB-T	Digital Video Broadcasting-Terrestrial	欧洲数字电视广播传输标准(地面)
DVD	Digital Versatile Disc	数字通用光盘
EBU	European Broadcasting Union	欧洲广播联盟
EIT	Event Information Table	事件信息表
EMM	Entitlement Management Message	授权管理信息
EPG	Electronic Program Guide	电子节目指南
ES	Elementary Stream	基本流
ETS	European Telecommunication Standard	欧洲电信标准
ETSI	European Telecommunication Standard Institute	欧洲电信标准委员会
FEC	Forward Error Correction	前向纠错编码
FLS	Forward Link Signalling	前向链接信令

FTP	File Transfer Protocol	文件传输协议
GPS	Global Positioning System	全球定位系统
HTTP	Hyper Text Transfer Protocol	超文本传输协议
ID	Identifier	标识符
IEC	International Electrotechnical Commission	国际电工委员会
IF	Intermediate Frequency	中频
IP	Internet Protocol	因特网协议
IPPV	Impulse Pay Per View	即时按次付费节目
IRD	Integrated Receiver Decoder	综合接收解码器
ISDB-T	Integrated Service Digital Broadcasting-Terrestrial	日本地面综合业务数字广播标准
ISO	International Organization for Standardization	国际标准化组织
ITU	International Telecommunication Union	国际电联组织
JTC	Joint Technical Committee	联合技术委员会
LDPC	Low Density Parity Check Codes	低密度校验码
LNA	Low Noise Amplifier	低噪声放大器
LSB	Least Significant Bit	最低有效位
MER	Modulation Error Ratio	调制误差率
MFN	Multi Frequency Network	多频网
MPEG	Moving Picture Experts Group	运动图像专家组
MPTS	Multi Program Transport Stream	多节目传输流
NIT	Network Information Table	网络信息表
NVOD	Near Video On Demand	准视频点播
OFDM	Orthogonal Frequency Division Multiplexing	正交频分复用
OSD	On Screen Display	屏幕显示
PAPR	Peak to Average Power Ratio	峰值平均功率比
PAT	Program Association Table	节目关联表
PCR	Program Clock Reference	节目时钟基准
PDC	Program Delivery Control	节目传送控制
PES	Packetized Elementary Stream	打包的基本流
PID	Packet Identifier	包标识符
PIL	Program Identification Label	节目标识标签
PMT	Program Map Table	节目映射表
PPC	Pay Per Channel	按频道付费
pps	pulse per second	秒脉冲
PPV	Pay Per View	按次付费
PS	Program stream	节目流
PSI	Program Specific Information	节目特定信息

PSTN	Public Switched Telephone Network	公共交换电话网
PTS	Presentation Time Stamp	显示时间戳
QAM	Quadrature Amplitude Modulation	正交幅度调制
QPSK	Quaternary Phase Shift Keying	四相相移键控
RCBC	Reverse Cipher Block Chaining	反转密码块链接
RF	Radio Frequency	射频
RS	Reed-Solomon	里德-所罗门
RST	Running Status Table	运行状态表
RX	Receiver	收端
SDI	Serial Digital Interface	串行数字接口
SDT	Service Description Table	业务描述表
SF	Second Frame	秒帧
SFN	Single Frequency Network	单频网
SI	Service Information	业务信息
SIP	Second frame Initialization Packet	秒帧初始化包
SIT	Selection Information Table	选择信息表
SMS	Subscriber Management System	用户管理系统
SPI	Synchronous Parallel Interface	同步并行接口
SPTS	Single Program Transport Stream	单节目传输流
ST	Stuffing Table	填充表
STB	Set Top Box	机顶盒
STC	System Time Clock	系统时钟
TCP	Transport Control Protocol	传输控制协议
TDS-OFDM	Time Domain Synchronization-Orthogonal Frequency Division Multiplexing	时域同步正交频分复用
TDT	Time and Date Table	时间和日期表
TOT	Time Offset Table	时间偏移表
TS	Transport Stream	传输流
TSDT	Transport Stream Description Table	传送流描述表
TX	Transmitter	发端
UHF	Ultra High Frequency	特高频
UML	Unified Modeling Language	统一建模语言
UTC	Universal Time，Co-ordinated	世界协调时
VBI	Vertical Blanking Interval	场消隐期
VBV	Video Buffer Verifier	视频缓冲验证
VHF	Very High Frequency	甚高频
VOD	Video On Demand	视频点播

VPS	Video Programme System	视频节目系统
VSWR	Voltage Standing Wave Ratio	电压驻波比
WAP	Wireless Application Protocol	无线应用通信协议
XML	eXtensible Markup Language	可扩展标记语言

参考文献

GB/T 26683—2011，地面数字电视接收器通用规范.

GB/T 26686—2011，地面数字电视接收器通用规范.

GY/T 226—2007，数字电视复用器技术要求和测量方法.

GY/T 212—2005，标准清晰度数字电视编码器、解码器技术要求和测量方法.

GB/T 17975.1—2000，信息技术——运动图像及其伴音信息的通用编码 第1部分：系统.

GB/T 17975.2—2000，信息技术——运动图像及其伴音信号的通用编码 第2部分：视频.

GB/T 17975.3—2002，信息技术——运动图像及其伴音信号的通用编码 第3部分：音频.

GY/T 134—1998，数字电视图像质量主观评价方法.

GY/T 170—2001，有线数字电视广播信道编码与调制规范.

GY/Z 174—2001，数字电视广播业务信息规范.

GY/T 216—2006，数字电视用户管理系统功能要求和接口规范.

GY/Z 174—20012，EPG 规范.

有线数字电视广播用户管理系统入网技术要求和测评方法(暂行).

王建华. 视频播放设备中的 K 系数指标的测量及应用. 中国有线电视，2004(19)：114-118.

沈智鹏，刘剑，王金忠等. DVB 系统中多路 TS 流的软件复用关键技术与实现. 电视技术，2008(4)：8-10.

王剑雄，王玉兰，徐晓君. 数字电视广播系统中 MPEG 标准流的复用与解复用原理. 河北建筑工程学院学报，2007(2)：105-107.

尹川，窦衡. 数字电视多路复用器设计. 中国有线电视，2005(10)：911-914.

李婕，周波. 基于 SOPC 的 MPEG2 传输流复用器设计. 广播与电视技术，2005(2)：55-57.

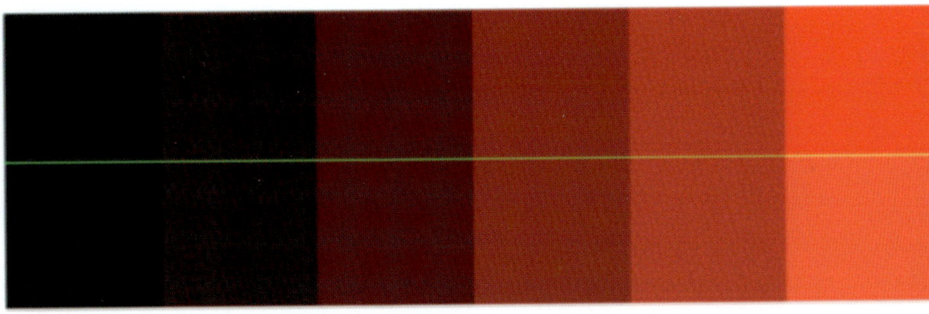

图 2-13　5 阶梯红色在发生 20%微分增益时的视觉效果

图 2-14　5 阶梯红色在发生 19°微分相位时的视觉效果

(a)没有色度/亮度时延差的图像　　(b)色度/亮度延时300ns的图像

图 2-16　色度/亮度时延差的影响